迷人的岩石

岩石

地球的日记本

马志飞 著

机械工业出版社
CHINA MACHINE PRESS

本书为小读者讲述了岩石的前世今生，揭示岩石与地球间的密切关联，打开它尘封在亿万年时光胶囊中的精彩故事。小读者将在书中学会观察岩石，识别岩石的种类，知晓矿物的名称，认识岩石中的珍宝，欣赏岩石之美，破解隐藏在每块岩石中的地理秘密。

图书在版编目（CIP）数据

岩石：地球的日记本 / 马志飞著. —北京：机械工业出版社，2023.9

（迷人的岩石）

ISBN 978-7-111-73697-4

Ⅰ.①岩… Ⅱ.①马… Ⅲ.①岩石–地貌–儿童读物 Ⅳ.①P931.2-49

中国国家版本馆CIP数据核字（2023）第155483号

机械工业出版社（北京市百万庄大街22号　邮政编码100037）

策划编辑：陈美鹿　　　　　　　责任编辑：陈美鹿

责任校对：张昕妍　丁梦卓　　　责任印制：张　博

北京联兴盛业印刷股份有限公司印刷

2024 年 1 月第 1 版第 1 次印刷

169mm×239mm・10 印张・101 千字

标准书号：ISBN 978-7-111-73697-4

定价：70.00 元

电话服务　　　　　　　　　　　网络服务

客服电话：010-88361066　　机　工　官　网：www.cmpbook.com

　　　　　010-88379833　　机　工　官　博：weibo.com/cmp1952

　　　　　010-68326294　　金　书　网：www.golden-book.com

封底无防伪标均为盗版　　机工教育服务网：www.cmpedu.com

　　石头是我们生活中常见的最普通的东西。当你走到户外欣赏美景时，遥望那高低起伏的山脉，遍地都是石头；当你走进富丽堂皇的建筑大厅，眼前那高大的柱子和脚下的地板很多也是石头；当你有一天佩戴上璀璨夺目的珠宝，像钻石、水晶、祖母绿……它们也产自石头中。

　　地质学家把石头称为"岩石"。自然界中的岩石沉默不语，又其貌不扬，凸凹不平的表面裸露着岁月斑驳的痕迹，即使我们每天从它们身边走过，也很少会把目光停留在它们身上。但是，岩石反映着地球的往事，它们是自然界的时光刻录机，记录着地球几十亿年的漫长历史；它们是变幻莫测的魔术师，孕育并创造了无数壮丽的自然奇观；它们是地球馈赠的珍贵礼物，蕴藏着无穷的资源和财富。

在远古时代，古人类用岩石制造狩猎工具。后来，越来越多的岩石被用来建房子，做成雕像、乐器、首饰和观赏石，冶炼青铜器、铁器和金银器，提炼赭石、石青、石绿等绘画颜料，还有些如滑石、石膏、雄黄、雌黄等岩石中的矿物成分甚至被收入中药。现如今，我们生活和生产中使用的许多冶金原料、化工原料、耐火材料、光学材料、电磁材料以及煤炭、石油、天然气等传统能源，都产生于岩石中。

认识脚下的地球，就要从一块岩石开始。当你看见一块岩石的时候，是否想过这样的问题：它是如何形成的？它经历过什么，又隐藏着哪些地球的秘密？该如何观察和认识它？本书将带你一起走进岩石的世界，了解它们背后有趣的故事，解开它们身上的种种谜团，还原一个真实的岩石世界。

目 录

CONTENTS

一

岩石
有哪些种类

地球上的岩石随处可见，种类繁多，虽然表面上看起来都大同小异，但实际上每一种岩石都与众不同。为了方便研究，地质学家根据地质成因的不同，把岩石分成三大类：岩浆岩、沉积岩和变质岩。

地球上的岩石大部分都是岩浆岩，占地壳总体积的 64.7%。沉积岩只是地壳上部薄薄的一层而已，占地壳总体积的 7.9%。变质岩占地壳总体积的 27.4%，它在地面的分布范围比较小，也不均匀。这三种岩石彼此之间相互转化，不断循环，共同组成了地球的岩石圈。

1. 烈火金刚——浴火重生的岩浆岩

岩浆岩是岩浆在地下或喷出地表后冷却凝结而成的，由于岩浆固结时的化学成分，以及温度、压力和冷却速度的不同，它可生成各种不同的岩石，主要包括花岗岩、伟晶岩、玄武岩、浮石等。

花岗岩

说起花岗岩，你也许并不会感到陌生。当我们观察一些建筑的室内地板、人行横道的路沿以及公园里的景观雕像时，常常能发现花岗岩。它是大陆地壳的主要组成部分，素有"岩石之王"之称，主要由石英、长石和少量黑云母等矿物组成，通常为浅肉红色、浅灰色或灰白色等。它由于强度较高，经久耐用，成为我们生活中常用的建筑装饰石料。

虽然岩石坚硬无比，但暴露在阳光、空气和水中，它也会逐渐遭受破坏，在表面留下剥落的痕迹，或者

花岗岩

变成奇怪的形状，甚至会慢慢地变得破碎，地质学家把这个过程叫"风化作用"。形成风化的原因很多，比如温度时高时低，造成岩石热胀冷缩，充填在岩石裂隙中的水结冰膨胀，从而把岩石撑裂；生长在岩石裂隙中的植物不断长大，也能将岩石撑裂。花岗岩风化常常会形成奇怪的自然景观。在我国内蒙古克什克腾旗，分布着一片面积约5平方千米的阿斯哈图石林。这里到处是千姿百态的花岗岩，有高大的石柱、石塔，还有低矮的石笋和陡峭的石墙，当你来到这片石林时，就像走进了一座壁垒森严的古战场，那一块块突兀峥嵘的巨石就像战场上厮杀的千军万马，令人不寒而栗。

阿斯哈图石林的花岗岩

黑龙江省伊春市汤旺河
林海奇石风景区的花岗岩石林

类似于阿斯哈图石林的地貌还有不少，如内蒙古阿尔山市的玫瑰峰花岗岩石林、黑龙江省伊春市花岗岩石林都十分典型。随着风化作用的不断加剧，花岗岩的残余部分就会逐渐朝着圆球形的方向发展，越是棱角突出的地方就越容易遭受风化而脱落，由表及里层层剥落，如同剥洋葱一样，这种现象被称为"球状风化"。在花岗岩的球状风化强烈的地区，大大小小的圆石散落于山间，犹如一颗颗石蛋，小的仅有几千克，大的则数以吨计，形成了一种与众不同的地形，地质学家形象地称之为"石蛋地形"。

在澳大利亚滕南特克里克市南部大约 105 千米的地方，分布着很多圆形的巨石，小的直径约 50 厘米，最大的直径可达 6 米。传说这些巨石是彩虹蛇的卵，还有人说它们是"魔鬼的弹珠"。其实，这些圆圆的石头都是花岗岩。在我国安徽黄山、陕西华山、福建厦门

"魔鬼的弹珠"

▲
┊------- 福建厦门鼓浪屿上的鼓浪石，也是花岗岩石蛋

鼓浪屿、浙江舟山桃花岛等花岗岩地貌旅游景区，也常能见到类似情景。

花岗岩石蛋地形常常能吸引人们的目光，是一种宝贵的旅游资源。但它也会成为潜在的危险，一旦受到地震、暴雨、大风或行人踩踏等外界扰动，就很有可能发生落石、滚石或崩塌灾害。而且，花岗岩石蛋的外形越圆，发生崩塌的危险性就越高。所以，许多自然景区和交通要道都需要经常排查花岗岩山体的安全，提前采取措施清除欠稳定的孤石，防患于未然。

伟晶岩

在岩浆岩家族中，有一种岩石的化学成分和矿物成分与花岗岩相似，但其中的矿物晶体通常比花岗岩中的同种矿物大几倍或几十倍，晶体颗粒大小常常超过 50 毫米，最大的可以达到数米甚至十米以上，这就是大名鼎鼎的伟晶岩。"伟"的本意就是"大"，所以，伟晶岩指的就是一种矿物晶体颗粒非常粗大的岩石。

在我国新疆北部阿勒泰地区富蕴县境内有一个美丽的小镇名叫可可托海，这里不仅风景如画，而且蕴藏着丰富的矿产资源，现如今这里还保存着著名的"三号矿坑"。从上空俯视，"三号矿坑"只不过是一个长约 250 米、宽 240 米、深达 200 米的大坑，周围盘旋着 13 层螺旋形的运输车道，仿佛一座规模宏大的古罗马斗兽场。这里曾经是世界上最大的露天金属矿，蕴藏着锂、铍、铌、钽、铷、

伟晶岩

可可托海"三号矿坑"

铯、锆、铪、铀、钍等多种稀有及放射性元素。这里的矿种之多、品位之高、储量之丰富世界罕见，这些主要得益于其中的伟晶岩脉。地质调查发现，在可可托海这一带分布着5个伟晶岩田，上万条伟晶岩脉。关于伟晶岩的成因，目前有多种解释，还没有统一的结论。但公认的是，伟晶岩脉富集区往往都是矿产资源和宝石丰富的区域，是重要的成矿带，正是地下深处炽热的岩浆不断向上侵入形成伟晶岩，才给我们带来了那么多珍贵的矿产资源。

玄武岩

玄武岩是岩浆岩中分布最为广泛的一种，常常会形成广阔的熔岩台地、火山岛及海岭。例如，在印度南部的德干高原，有一片面积为 50 万平方千米的区域，都是由多层如同洪流一般的玄武岩覆盖，厚度超过了 2000 米，总体积约为 51.2 万立方千米，是地表上最大的火山地形之一，被称为"德干地盾"。它大约形成于 6600 万年前，是当时持续了至少 3 万年的一系列火山喷发造成的结果，最初的玄武岩覆盖面积大约有 150 万平方千米，大约相当于现在印度国土面积的一半，后来由于构造运动（包括地震活动、岩浆活动等）和侵蚀作用（流水、冰川等外力的破坏）而逐渐减少。

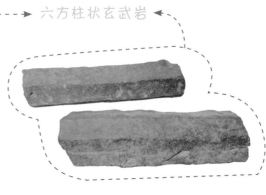

六方柱状玄武岩

韩国济州岛的柱状节理带

　　玄武岩一般呈灰黑色，细粒致密状，通常会形成规则的六方柱状节理。在福建省漳州市漳浦县，离海岸大约6.5千米的海上，有一个面积只有0.07平方千米的小岛，名为"南碇岛"。从远处看，这个海拔只有50多米的小岛就像一块墨玉镶嵌在碧绿的大海之中，但是当你乘船靠近之后就会发现，岛上竟然是由一根接一根的玄武岩柱堆积起来的，而且这些石柱的形状十分规则，绝大部分底面为六边形，直径一般为15~30厘米，长为20~50米，像头发丝一样紧密排列，有人推算，这些石柱多达140万根。

　　由于玄武岩浆黏度小，流动性大，溢出地表能够流动较远的距离，覆盖较大的范围，易形成大规模的熔岩流、熔岩被，而且易于在冷凝过程中形成柱状节理，从而将岩石分割成一定的几何形状，六方柱状节理就是最常见的一种。

漂在水上的浮石

石沉水底是一个人人皆知的基本常识，但在我国长白山的天池，却流传着这样一句话："木头沉水底，石头漂水面。"所谓"木头沉水底"指的是当地的岳桦树，它的密度很大，放在水中能自然下沉；而"石头漂水面"说的是一种"江沫石"，放在水中自然漂浮，十分奇特。其实，这是一种名叫"浮石（浮岩）"的火山岩，通常颜色很浅，比如白色、奶油色、灰色等，外表粗糙，布满了气孔，其中气孔可占总体积的70%以上，所以能够漂浮在水面上。

浮石是在超高温高压条件下从海底火山喷发出来形成的。当它从火山中喷发出来以后，随着压力的快速降低，其中的二氧化碳气体不断逸出，就像我们打开碳酸饮料时看到大量气泡冒出来一样。但是，炽热的熔岩在海水中很快就会冷却凝固，很多气泡还没有来得及逃逸就被困在岩石里面了，于是浮石就形成了。

→ 浮石
产于黑龙江五大连池

浮石有很多利用价值。李时珍在《本草纲目》中记载，浮石具有清肺化痰的功效。在云南腾冲，当地人曾称之为"油渣石"，因为它的形状类似于炼油剩下的残渣。它不仅形状奇特，而且易于搬运和切割，当地人常用它来制作盆景、假山或者用来雕刻工艺品，还把它作为建筑材料用于制造混凝土，既可以减轻建筑物的重量，还具有隔热、隔音的性能。现代农业科技中还会将它与土壤混合来培育植物，利用它多孔的特性为植物提供良好的透气条件。

浮石有哪些危害?

大大小小的浮石从海底冒出，聚集在海面上，厚度可达几十厘米，长度可达几十千米以上，如同漂浮的小岛，被称为"浮石筏"。这种情况一旦出现，浮石很难在短时间内散开，会影响港口的正常通行，甚至造成航行事故。大量浮石漂在海面上，还会影响阳光直射海底，不利于浮游生物的生长，对海洋食物链具有一定的破坏作用。有时候，浮石还可能成为某些外来物种的"天然轮渡"，例如一些贝类，它们乘坐浮石筏漂浮到以前从未到过的陆地或者岛屿，可能成为入侵物种，威胁其他生物的生存。

2. 水落石出——层层叠叠的沉积岩

当你在山区行走的时候，在山体裸露的地方经常会看到一层层像棉被一样叠加起来的岩石，这就是沉积岩。它是各种碎屑物质经过搬运、沉积之后，变得越来越厚，压得越来越紧，经历漫长的时间之后逐渐变成了坚固的岩石。例如，一些岩石和矿物的碎屑经过搬运之后沉积下来，重新形成新的砂岩或砾岩；还有，由动物的遗体形成的石灰岩，从盐湖中经过化学沉淀形成的石盐岩和石膏岩等，都是沉积岩。

砂岩

在美国的亚利桑那州，印第安人部落纳瓦霍族的生活区内，有一条美丽的峡谷，名为"羚羊谷"。站在羚羊谷中间，我们只能看到一条极其狭窄的裂缝伸向远方，抬头望天空，也只能看到"一线天"。每到夏季的时候，太阳高高挂在天上，阳光穿过峡谷直射谷底，一层层波浪般的岩石，在一缕缕光线的映照下显得格外美丽。

羚羊谷的砂岩景观

在纳瓦霍族的语言中，羚羊谷的名称原意是"水通过岩石的地方"。这里原本是数万年不断沉积下来的层状砂岩，所谓砂岩，是一种已经固结的碎屑沉积岩，其中的砂粒主要成分是石英、长石、云母等，在砂岩形成过程中，如果其中的铁与大气中的氧气发生反应，变成了紫红色的氧化铁，那么砂岩就会呈现出鲜艳的紫红色。

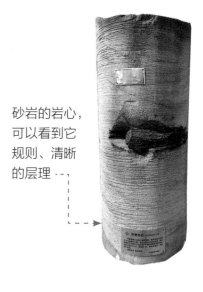

砂岩的岩心，可以看到它规则、清晰的层理

各种各样的砂岩

作为沉积岩的一种，砂岩最重要的特征就是具有清晰的层理，表明它是历经数百万年的时间一层一层沉淀下来并固结成岩石的。但是，砂岩易于遭受风化和侵蚀，美国亚利桑那州的羚羊谷就是流水长期冲刷其中的砂岩形成的。当然，在流水侵蚀岩壁的同时，风

龙虎山和泸溪河景观

也做出了一部分贡献。如果说水的作用是大刀阔斧地削枝去叶，那么风的作用就是精打细磨，将峡谷中突兀的岩石棱角一点点磨圆，从而使其更加光滑圆润。

在我国也有很多类似的地貌景观，河南云台山的红石峡、甘肃张掖的彩色丘陵、广东丹霞山和江西龙虎山的丹霞地貌，都是由砂岩形成的。其中，龙虎山位于江西省鹰潭市西南约20千米处，这里奇石遍布，一眼望去到处是石崖、石柱、石峰、石洞、石门等，颜色为鲜艳的紫红色，形态各异。而在龙虎山的西侧，泸溪河蜿蜒流过，碧绿的河水与紫红色的山峰相映成趣。地质学家发现，这里的岩石主要为砂岩，在长期的风化和侵蚀作用下变得怪石嶙峋，有的成了平顶，有的成了陡崖，有的像动物，有的恰似人像。最奇特的岩石当属象鼻山，在一处高约100米的山峰上垂下一道石梁，远远望去，就像一头正在喝水的大象，惟妙惟肖。

砾岩

作为一种碎屑沉积岩，砂岩中的碎屑物颗粒细腻，粒径小于2毫米，如果大部分碎屑物的粒径大于2毫米，以砾石、卵石为主，那这种岩石就被称为砾岩。通常情况下，砾岩与砂岩的界限并不十分清晰，常被笼统地称为砂砾岩。砂砾岩经过长期的风化和侵蚀，常常能够形成奇形怪状的地质景观，例如著名的黄河石林就是砂砾岩形成的景观。

在甘肃省白银市景泰县东南部的龙湾村，黄河在这里拐了个大弯，河岸边满是大小不一的鹅卵石以及高矮起伏的小山。在面积约50平方千米的范围内，纵横交错的沟谷将山峰切割得七零八落。远观，这些山仿佛如黄土一般，颜色灰黄，给人以无限苍凉之感。近看，大大小小的石柱高耸入云，平均高度约80米，最高者

砾岩

甘肃省白银市黄河石林

可达 200 米以上，摇摇欲坠，让人心惊胆战。

　　这就是黄河石林，由 100 多万年前形成的砂砾岩组成，颜色浅红，比较坚实，其中含有大量的砾石，排列没有一定的方向，砾石的直径一般为 1~4 厘米，最大可达 40~50 厘米。原本水平的砂砾岩层在区域构造运动的影响下发生断裂，岩石本身热胀冷缩，冰雪反复在白天融化、晚上冻结，雨水的溶蚀以及风力的侵蚀都会进一步促进岩石的崩塌破坏，最终形成了这片规模宏大、景色优美的石林。

石灰岩

"千锤万凿出深山，烈火焚烧若等闲。粉骨碎身浑不怕，要留清白在人间。"明朝名臣、民族英雄于谦的这首《石灰吟》，让我们看到了作者刚正不阿、不怕牺牲的坚强意志。如果仅从字面意思来理解，这首诗讲述了人们开采石灰岩、把石灰岩烧成石灰粉的故事。

石灰岩主要由方解石组成，它们在漫长的地质历史时期里从海水中源源不断地沉积下来，覆盖在各个大陆之上。石灰岩的形成，源于海水里溶解的钙离子和碳酸根离子。在大多数海洋的表层，珊瑚、蛤和其他一些海洋栖息生物都使用这两种溶解物合成方解石或文石，从而制造身上的保护壳。它们死后，躯壳沉淀下来也就变成了石灰岩，所以我们在石灰岩中常常会发现海洋生物的化石。

➤ 石灰岩

贵州织金洞，石灰岩形成的喀斯特地貌 - - - - - - - →

　　石灰岩是形成喀斯特地貌的基础条件。你听说过喀斯特地貌吗？它是一种十分特殊的侵蚀地貌，在自然界中，石灰岩（还有大理岩、白云岩等）中的碳酸钙在含有二氧化碳的水的作用下，就会溶解为钙离子和碳酸氢根离子而被水带走。所以，在潮湿的气候环境中，在流水侵蚀和沉积、重力崩塌等各种外力作用下，石灰岩易于形成千姿百态的喀斯特地貌，包括峰丛、峰林、天坑、地下河以及各种形状的钟乳石等。我国贵州的织金洞、重庆奉节县

重庆奉节县小寨天坑，也是石灰岩形成的喀斯特地貌

的小寨天坑，美国猛犸洞，越南韩松洞等，都是流水侵蚀石灰岩形成的。

　　石灰岩广泛分布于世界各地，它不仅可以用来烧制石灰、制造水泥，而且还被用于钢铁冶炼、玻璃制造等工业领域，真是一种多功能岩石！

太湖石是怎么形成的?

我国江苏出产一种著名的观赏石——太湖石,它造型奇特,姿态万千,在历史上备受推崇,堪称古代的"国石"。北宋皇帝宋徽宗曾经专门设立了苏杭应奉局,从江南搜刮名贵的石头和花木,用大船运往东京开封府,史称"花石纲",其中的石头主要就是太湖石。现代地质学家认为,太湖石是由地下水的岩溶作用形成的,以石灰岩为主,与我国西南地区的桂林山水、云南石林等喀斯特地貌具有相似的成因。

在故宫和中国地质博物馆门前,你都可以看到太湖石的身影

3. 沧桑巨变——脱胎换骨的变质岩

构造运动、岩浆活动或地壳内热流变化等内动力，可以导致地壳中原来的岩石在物理性质、化学成分和结构构造等方面发生不同程度的变化，这种作用被称为变质作用。因此而形成的新的岩石就是变质岩，其中，大理岩、板岩、片麻岩等是最常见的代表。

大理岩

说起大理石，几乎是无人不知，在宾馆、酒店、机场、车站、码头等富丽堂皇的建筑内几乎都能见到它的身影。大理石是一种石材的名称，地质学家称之为大理岩，是因为它盛产于我国云南大理。这是一种由石灰岩、白云岩经变质作用形成的变质岩，其中的主要成分是方解石和白云石，另含有少量蛇纹石、透闪石、透辉石、金云母、石英等矿物。

通常情况下，大理岩为白色，随着其中所含杂质成分的不同，其颜色也有多种，含有氧化铁较多的呈现为红褐色，含橄榄石较多的可呈现出绿色，含泥质较多可呈现为黄色，含有碳质、沥青等则可呈现出深浅不一的黑色。经过切割和打磨后的大理岩具有很高的耐磨性和光洁度，可防水、防冻，而且具有独特的纹理和图案，形似天然的山水风景画，所以常被用来做成地板砖或石雕等，比如

各种各样的大理岩

-------- 印度泰姬陵

印度著名的古迹泰姬陵，里面的殿堂、钟楼、尖塔、水池等全部是由纯白色的大理岩建造而成。

结构均匀致密、颗粒细腻的白色大理岩被称为汉白玉。在很早以前，汉白玉就是我国常用的建筑石材，常被用来制作成宫殿中的石阶、护栏和雕塑等。北京天安门前的华表、故宫里的台阶和栏杆、人民英雄纪念碑上面的浮雕都是采用的汉白玉。故宫保和殿后面的御路（专为皇帝行走而铺的路），名为云龙阶石，它是由一块巨大的汉白玉雕成，长 16.57 米，宽 3.07 米，厚 1.7 米，重量超过 200 吨（大约相当于 40 多头成年非洲象的体重），是我国最大的整块汉白玉雕件。云龙阶石上雕刻着 9 条飞龙和万朵云霞，造型生动，极为壮观。这块玉料取自北京房山区大石窝镇，从这里到紫禁城不足 80 千米，当时运输这块巨石就动用了两万多人，在冬季沿路泼水结冰，用人力和畜力拉拽，耗时近一个月才到达目的地。

板岩

野外的沉积岩层理清晰，最容易辨认，如果你再仔细地观察，可能会发现有些山体裸露岩石的层理极薄，厚度仅为几毫米甚至 1 毫米左右，叠加起来就像书页一样，用锤子敲打很容易分裂成薄片，这是沉积岩中最丰富的一种类型——页岩。但是，在适当的温度和压力条件下，页岩会发生轻微变质，从而形成另外一种岩石——板岩。

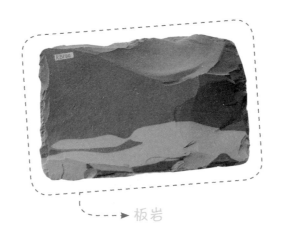

板岩

香港东北部的东平洲海滨布满页岩，层层叠叠，像千层糕，俗称"千层石"。它们记载了地球 6500 万年的历史，是"海枯石烂"的见证

岩石在发生变质作用的过程中，起主导作用的是温度，一般是温度越高，原岩被改造得越强烈，也就是说变质程度越高。从页岩到板岩，需要的温度相对较低，只是发生了轻微变质，硬度增高，结构致密，矿物颗粒很细，以石英、云母、长石矿物为主。通常情况下，板岩为灰色，深浅程度不一，偶尔也存在绿色、黑色、紫色和棕色的情况，这主要取决于其中的铁及有机质的含量。

可别小看了这种平凡的石头，它在我们的生活中可有大用处。

板岩铺成的屋顶 - - - - - - -

因为板岩坚硬、耐腐蚀、吸水率极低，从山上开采出来只需要稍作加工，就可以成为屋顶的瓦片、铺路的地砖或者建筑物外部的饰面石，平日里基本不需要维护也能使用上百年之久。欧洲许多古老的教堂多用板岩作为屋顶材料，而这些板岩主要产自西班牙，据统计，欧洲90%用于屋顶的板岩都来自西班牙，西班牙也因此成为世界上最大的天然板岩生产国和出口国。

板岩还是最早的天然黑板，由于这种岩石表面平整、光滑，写上字之后还很容易用软布擦干净，所以在19世纪时，人们常常切出一整块板岩装在木架上，或是用作教学用的黑板，或是作为告示牌挂在商店和旅馆的门口，既方便又廉价。此外，板岩还可以用于制造台球桌的台面、磨刀石、石碑、砚台等，用途十分广泛。

片麻岩

宋哲宗年间（1093年），苏轼被贬官至定州，心情颇为烦闷。某天，他在一处花园中偶然间捡到一块石头。这块石头颜色稍黑，却穿插有白色岩脉，纹理如同白雪和浪花，恰似一幅行云流水的山水画。苏轼如获至宝，称之为"雪浪石"，并用汉白玉专门为它雕琢了一个芙蓉盆，还将雪浪石的安放之处命名为"雪浪斋"。此后，常有人专程到定州观赏这块被苏轼捧红的石头。在人们眼中，它已经不是一块简单的石头，而是蕴藏着深厚文化内涵的历史遗产，被誉为

→ 片麻岩

其中白色的矿物是长石，黑色的为云母

"宋代第一名石"。

雪浪石究竟是什么岩石呢？地质学家认为，它是一种片麻岩。片麻岩含有较多的长石和石英，还含有片状或柱状的云母、角闪石和辉石等矿物。由于长石和石英的颜色比较浅，它们在片麻岩中呈现出浅色的条带，而颜色较深的云母、角闪石等矿物含量较多时也连续分布，于是就形成了浅色条带和深色条带相间的特殊构造。

片麻岩是一种变质岩。历经了漫长的变质作用，片麻岩不仅构造发生了改变，而且产生了一些新的矿物，当它们富集到一定程度时，就会成为具有经济价值的矿床。比如，石墨矿就主要形成于片麻岩中。此外，片麻岩也是重要的宝石富集的岩石，我国新疆的阿克陶县发现的刚玉（红宝石和蓝宝石）矿床，就产自片麻岩中。

产于新疆的片麻岩，像眼睛一样镶嵌在岩石中的粉红色晶体就是刚玉

山西地质博物馆门前这块石头也是片麻岩，
上面的纹路有点像流动的漩涡

　　现如今，片麻岩仍是一种深受人们喜爱的园林景观石，常放置于公园或单位门口。由于片麻岩与花岗岩的物理性质相似，具有较大的抗压强度，所以，它也具有与花岗岩相同的用途，常被用作饰面石材，或者用作铺路石，用途较为广泛。

地球上最古老的岩石是什么?

　　岩浆岩、沉积岩和变质岩彼此之间相互转化，永不停息。地质学家研究发现，迄今为止，我们在地球上发现的最古老的岩石都是变质岩，其中以片麻岩为典型代表。比如，在加拿大耶洛奈夫以北300千米的一座岛上发现的阿卡斯塔片麻岩，已经有40亿年的历史；在西格陵兰的阿米特索克发现的片麻岩距今约38亿年；在我国河南省的王屋山-黛眉山世界地质公园内，分布的大面积片麻岩也有30亿岁了，被人们赞誉为"王黛寿星"。

岩石中
有哪些珍宝

1. 形形色色的矿物

说起矿物，大家可能有点陌生。但其实，它就悄悄地藏在我们的生活中。比如我们每天吃的食盐，是从盐类矿物中提炼出来的；平时写字用的铅笔，里面那黑黑的铅笔芯主要成分是矿物石墨；炎热的夏天我们到海边游玩，沙滩上那些踩在脚下又松又软的沙粒，主要是矿物石英；机场、火车站以及高档宾馆等富丽堂皇的高大建筑里的花岗岩石柱、大理石地板都是由矿物构成的。

矿物是什么

矿物究竟是什么东西？哪些物质属于矿物，哪些不属于矿物呢？有人说："石头是造物主随手捏出来的，而矿物则是用尺子精心设计出来的。"意思是说，与大自然里那些灰扑扑的石头比起来，矿物要精致得多、美丽得多。我们俗称的石头，地质学家称之为岩石，它们是各种矿物的混合物。打个比方来说，岩石就好像是八宝粥，而矿物就如同八宝粥里面的大米、小米、绿豆、花生等原料。

石墨

所以，矿物是组成岩石的基本单元，它们是由地质作用所形成而且内部质点（原子、离子）排列有序的均匀固体，具有相对固定的化学组成，也就是说，它们的成分是基本固定的，而且在一定的条件下，性质也是稳定的。严格来说，人造的都不算矿物，比如人造钻石、人造水晶、玻璃都不是。石油、煤炭、天然气也都不是矿物，因为它们都是混合物，成分都很复杂，而且通常也都不固定，所以不能称之为矿物。

自然界中有大约 5000 多种矿物，每年还有几十种新发现，不仅种类繁多，而且形态各异，但实际上我们常见的也就有几百种而已，比如石英、方解石、萤石、石墨、磁铁矿、方铅矿、辰砂等。

矿物的用途

在很早的时候，我们的祖先就已经知道利用这些矿物了。人们从矿石中提炼各种丰富的物质，制造大量的生活和生产用品，最常见的就是各种精美的青铜器、铁器，包括各式各样的兵器，这些铜、铁都是古人掌握了冶炼技术以后从金属矿物中提炼出来的。到了科技飞速发展的现代社会，矿物的作用显得更加重要，科学家和工程师可以从多种矿物中提取金、银、铜、铁、锡、锌、铅、钨、锰、锑等许多有用的金属，制造出各种合金材料，在机械设备、建筑建材、武器装备等很多领域都有它们的身影。

人们还可以用矿物来治疗疾病，比如辰砂、雄黄、雌黄、硼砂、滑石、石膏等都是古人常用的药物，在李时珍所著的《本草纲目》中也有专门的记载。古人还会用各种矿物原料来进行化学实验，江湖术士用硝石、辰砂之类的矿物来炼丹，试图炼出仙丹以求长生不老，结果仙丹没炼成，有的古代帝王吃了这些东西竟然中毒身亡。令人惊讶的是，这些炼丹家在炼丹的过程中，将硫黄、硝石及木炭混合在一起不小心发生了爆炸，后来人们据此发明了火药。

赤铁矿

蓝铜矿

孔雀石

由于矿物颜色各异，其中那些颜色鲜艳的可以研磨为粉末，用作颜料。故宫博物院珍藏有一幅《千里江山图》，号称中国十大传世名画，是我国青绿山水画的杰出代表作，整幅图以青绿色为主，其中的颜色就是矿物颜料呈现出来的：红色用的是赤铁矿，蓝色用的是蓝铜矿，绿色则是用的孔雀石。

矿物还有一个非常重要的用途，就是制作珠宝首饰。珠宝商人从琳琅满目的矿物家族里挑选出最精美、最坚硬的种类，然后打磨、切割，制造出最迷人的宝石，比如钻石、红宝石、蓝宝石、水晶、祖母绿、海蓝宝石、欧泊、碧玺、石榴子石、橄榄石等。

在中国地质博物馆正门右前方的广场上，矗立着一块巨大的水晶（石英结晶体，是宝石的一种），它高 1.7 米，最大宽度 1.7 米，厚 1 米，重达 3.5 吨，1958 年 8 月发现于我国江苏省东海县房山乡柘塘村，在当时堪称世界上最大的水晶晶体，号称"水晶王"，后来被送到北京，珍藏于中国地质博物馆，成为"镇馆之宝"

王希孟与《千里江山图》

相传，北宋少年王希孟十多岁入宫学画，后来在文书库供职，做一些抄账、编目的杂活。王希孟并没有因此而放弃绘画的梦想，曾多次将绘画作品献给皇帝。书画造诣颇深的宋徽宗慧眼识珠，发现王希孟是个可塑之才，于是，亲自教他创作，使得王希孟的绘画技艺大大进步。北宋政和三年（1113），王希孟将他历时半年时间绘制而成的《千里江山图》献给宋徽宗，徽宗大喜，从此之后这幅鸿篇巨制名垂千古。北宋靖康二年（1127），发生了历史上著名的靖康之变，金国大军攻破了北宋的都城东京，徽钦二帝以及大量皇族、后宫妃嫔与朝臣被俘，北宋灭亡。当时的东京城被洗劫一空，宫中无数书法名画也被金兵掳掠损毁。幸运的是，宋徽宗收到《千里江山图》时，将它直接赐予了宠臣蔡京，这才使得它免遭劫难。《千里江山图》辗转流传至今，现存于北京故宫博物院。

矿物的生长规律

我们大家都知道，物质有三种基本状态：气态、液态和固态。对于固态物质而言，它的内部结构会有很大的差别。有一部分固体物质中原子或离子的排列具有三维空间的周期性，这些物质都有自发地成长为几何多面体外形的固有特性，也就是说它们自然凝结的、不受外界干扰而形成的物质都有自己独特的、呈对称性的形状（即所谓晶形，比如食盐呈立方体形、冰呈六角棱柱体形），而且还有固定的熔点和稳定的化学组成。这样的物质被称为晶体，各种金属、自然形成的固体矿物、食盐、白糖、味精等绝大多数的固态化合物都是晶体，常见的晶形有立方体、四面体、八面体、菱形十二面体、四角三八面体等。

但是，还有一部分物质，它们内部的原子或离子不是有规则地周期性排列，不能自发地成长为几何多面体，没有一定的外形，也没有固定的熔点，比如玻璃、塑料等。由火山熔岩快速冷凝而形成的黑曜岩、珍珠岩等都属于这类物质，它们被称为非晶体。

所以，在晶体与非晶体的对比之下我们可以发现，晶体的生长有明显的规律可循，它们的生长就像人的胚胎一样，按照相对固定的方式，从一个小小的晶芽慢慢成长壮大。矿物晶体既有在岩浆中直接生长的，也有在岩浆的蒸气或热水溶液中生长的，还有一些是由于地表风化作用形成的，这是一个涉及物质微观结构变化的过程，

黑曜岩

珍珠岩

我们仅仅通过肉眼是难以观察到的，但随着它的不断壮大，我们就能够发现它的规律。

地球上大部分矿物晶体都形成于岩浆之中，随着岩浆的冷凝，各种不同的矿物会按照熔点的高低不同而先后结晶出来。在这个过程中，晶体的大小与温度降低的速率有很大关系，一般是冷却的速率越快所形成的晶体往往越小，倘若冷却速度过快的话，甚至难以形成晶体，而成为非晶质体，比如黑曜岩就是因为岩浆冷却过快而形成的玻璃质岩石，它内部没有晶体结构。简单地说，就是晶体的结晶和生长需要充裕的时间和一定的温度条件。

但是，岩浆变化频繁，实际上能形成超大单晶体的情况并不多见。比如金刚石，它在十分苛刻的高温高压条件下历经了数亿年时间才得以形成，温度要求在900~1300℃，压力为4.5~6.0吉帕（大约相当于4.5万~6.0万个标准大气压），时间约10亿到33亿年，地点是地下140千米~190千米深处的地幔，所形成的金刚石颗粒往往都很小。再比如橄榄石，它是一种常见的造岩矿物，也是岩浆结晶时最早形成的矿物之一，通常存在于橄榄岩、玄武岩、辉长岩等铁镁质岩石中。地球上的各种喷出岩中都含有橄榄石，但是目前世界上最大的一颗橄榄石重量也只有310克拉，现珍藏于美国华盛顿的史密斯学院博物馆。

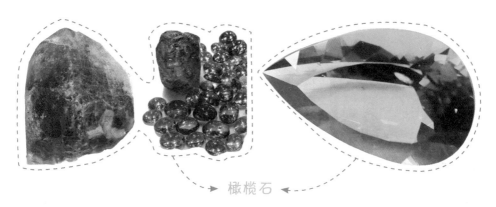

➤ 橄榄石 ◀

还有一部分矿物生长在岩石裂隙或者岩洞中，含有某种物质的过饱和溶液逐渐沉淀、结晶而成为矿物晶体，因受到各种外界条件的影响，内部结构也会有所差异。比如玉髓和水晶，虽然它们的主要成分都是二氧化硅，同属于石英家族，但它们的结构相差甚远。

水晶是二氧化硅结晶完美时的石英，内部具有十分规则的晶体结构，用肉眼都能够分辨晶体颗粒，所以被称为"显晶质结构"。而玉髓的矿物晶体极为细小，用肉眼根本无法分辨出矿物颗粒，甚至在偏光显微镜下也难以分辨，所以被称为"隐晶质矿物"。在自然界中，如果有合适的物理条件和化学条件，玉髓可以转变为微晶石英，然后再发生重结晶作用而转变为石英。

晶形、晶簇和晶洞

矿物晶体的生长其实是在三维空间内的变化，但是，不同的矿物具有不同的生长习性，有些矿物主要朝着一个方向生长，结果就形成了柱状矿物，比如说辉锑矿。辉铋矿也是朝着一个方向生长，不过它更细，呈现出针状。还有一些主要是朝着平面方向生长，比如云母，它的矿物集合体为叶片状，可以被一层一层地揭开，所以

- - - - → 长柱状的辉锑矿　针状的辉铋矿 ← - - - -

方铅矿

人们形象地称之为"千层纸"。还有一些在三维空间内没有什么优势的生长方向，比如方铅矿，四四方方，十分规整，还有石榴子石，大多为菱形十二面体、四角三八面体或两者的聚形体，就像石榴子一样呈颗粒状。

颗粒状的石榴子石

实际上，矿物单独的晶体较少，它们通常是以矿物集合体的形式出现，比如辉锑矿呈柱状集合体、云母呈片状集合体、阳起石呈放射状集合体等。甚至还有些矿物的晶体形态根本就看不出来，只能看到一团集合体。比如某些赤铁矿，外表看起来就像是很多肾脏聚集在一起，故而被称为肾状赤铁矿。天然产出的孔雀石形态多样，或为肾状，或为块状，或为钟乳状，或为绒毛状，造型奇特，可作为观赏石。

---▶ 钟乳状的孔雀石

辉锑矿晶簇 ◀---

---▶ 柱状的石英晶簇

天然产出的矿物集合体 ◀--

长柱状的为石英，不规则状的是
白云石，铜黄色立方体状的为黄铁矿

当矿物晶体生长在同一基底上，并且一端朝向自由空间，它们就会相互簇拥，长得密密麻麻，都尽力争抢自由发育的空间，这就形成了晶簇。比如石英，地下深处的空洞（如岩洞、岩石裂缝等）是它们最容易生长的地方，在含有饱和二氧化硅的地下水环境中，如果具备合适的条件，二氧化硅便会从溶液中自发生成晶芽，以洞壁或裂隙壁作为共同基底，经过数万年甚至上千万年的时间，最终结晶成为美丽的石英晶体，当我们近距离观察它的时候，就会发现它们的晶体具有规则的六棱柱形状，彼此紧密相连，形成的晶簇就像怒放的花朵，十分美丽。

如果矿物晶体形成于孔洞内，这样的构造就是晶洞。湖南省耒阳市上堡硫铁矿区曾经发现过一个巨大的水晶洞，该洞长 8 米，宽 1.7 米，高 1.6 米，规模之大、形态之美十分罕见。墨西哥奇瓦瓦市有一个名为奈卡矿的多金属矿，当地的矿工曾在这里发现了一个大小相当于足球场、高度相当于两层楼的超大晶洞，洞里到处长满了"利剑"，长的超过人的身高，短的也有几十厘米，都是半透明的柱状物，置身其中就像是走进了一座水晶宫殿。其

┈┈➤ 水晶晶洞

实，这里面的矿物并不是石英，而是石膏晶体。虽然它们结晶生长的速度极其缓慢，每一百年才能增长一根头发丝的宽度，但经过几十万年的时间，最大的已经长到了11米长，直径4米，重达55吨。

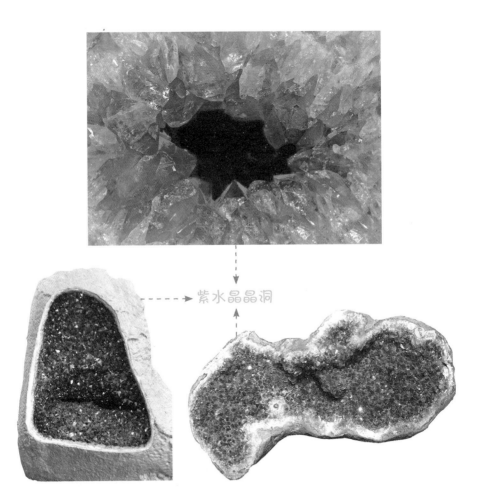

紫水晶晶洞

我们平时所见到的大部分矿物晶体不仅个头很小，而且质量也不好，很多都是"歪瓜裂枣"，这是为什么呢？因为矿物在生长的过程中经常会受到一些外来因素的影响，比如地震、火山喷发，或者是一些地下流体的震荡，使它的生长环境受到破坏了，于是就形成了并不完美的矿物晶体。总而言之，矿物晶体的生长需要充足的物质原料、适当的温度和压力条件以及合适的生长空间，当然，还需要极其漫长的时间，所以我们现在看到的每一块矿物晶体，它们的背后都有一段极不平凡的成长故事。

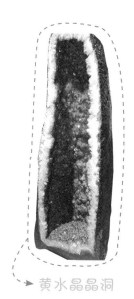

➤ 黄水晶晶洞

矿物晶体及其集合体的常见形态

晶体形态	典型矿物
块状	自然金、自然铜、金刚石、方铅矿、绿松石、菱锰矿等
针状	辉铋矿
柱状	石英、绿柱石、辉锑矿、电气石等
片状	云母、辉钼矿
板状	石膏、方解石、重晶石等
粒状	方铅矿、石榴子石、橄榄石、萤石等
肾状	赤铁矿、菱锌矿等
网状	白铅矿、自然金、自然银等
葡萄状	葡萄石
钟乳状	方解石、菱锰矿、孔雀石等
树枝状	自然金、自然银、自然铜等
放射状	辉锑矿、银星石、叶蜡石、阳起石、电气石等
晶簇状	石英、方解石、石膏等

宝石和玉石

宝石是矿物中的精品，一般指经琢磨后能作为装饰品的矿物，它的莫氏硬度要在 5 以上，色彩美观，折光率高，光泽强，透明度好，而且数量较为稀少，具有一定的收藏或观赏价值。简单地说，宝石矿物必须满足三个基本要素：美观、耐久、稀少。所谓美观，就是具有美丽的外观；耐久，也就是坚硬耐磨，长时间内色泽和透明度不变，具有抵抗外界磕碰和空气中粉尘磨蚀、抗酸碱腐蚀的能力，这些都取决于宝石的物理性质和化学性质；稀少，指的是宝石的稀有性。虽然地球上的矿物种类繁多，但是能够成为宝石的只有 200 多种，国际珠宝市场上常见的仅仅有 20 多种而已，它们包括金钢石（钻石）、绿柱石（祖母绿、海蓝宝石）、刚玉（红宝石、蓝宝石）、金绿宝石、电气石（碧玺）、尖晶石、锆石、黄玉（托帕石）、橄榄石、石榴子石、石英（水晶）、正长石（月光石）、奥长石（日光石）、拉长石、微斜长石（天河石）、黝帘石（坦桑石）、磷灰石、锂辉石、堇青石等。

碧玺

天河石

此外，那些自然界产出的，具有美观、耐久、稀少性和工艺价值的矿物集合体或非晶质体，被称为"玉石"。广义上，许多用于工艺美术雕刻的矿物和岩石都会被称为玉，产于辽宁岫岩的岫玉、青海的祁连玉、新疆托里的蛇绿玉、河南新密市（原名密县）的密玉、河南南阳的独山玉、山东郯城的琅琊玉、新疆阿勒泰的芙蓉石、湖北郧阳的绿松石、贵州晴隆的贵翠等，品种之多令人眼花缭乱。

岫玉

和田玉

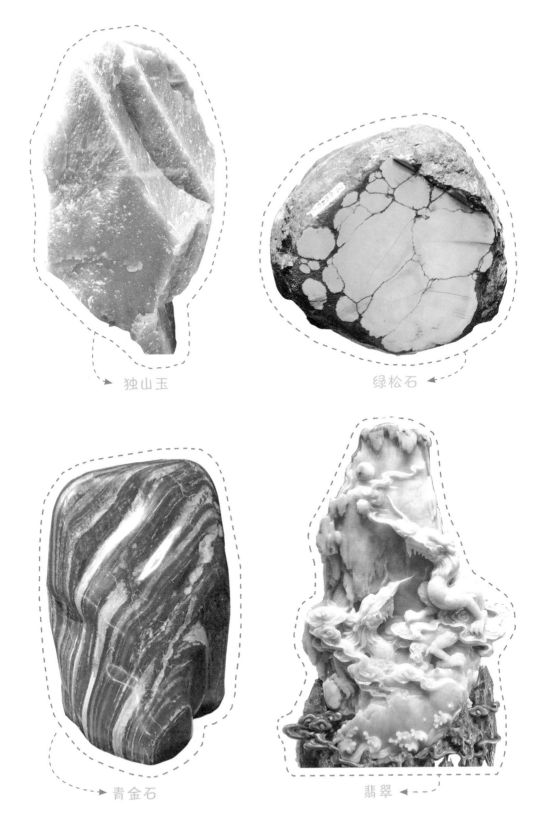

独山玉

绿松石

青金石

翡翠

→ 汉白玉

2. 时光凝固的化石

地球历史已经长达 46 亿年，历经沧海桑田的变化才成为现在的模样。我们如何才能了解地球过去的地貌、气候以及生物的样子呢？在地质学家的研究工作中，化石是最好的帮手，大到恐龙、大象，小到菌类、藻类，都有可能被掩埋于地下而成为珍贵的化石，在化石的身上，准确地记录着远古地球的相关信息，所以它们被誉为"开启地球历史之门的一把钥匙"。

化石是如何形成的

我国北宋时期的科学家沈括在《梦溪笔谈》一书中记载，太行山的山崖中有一些螺蚌壳和像鸟卵一样的石子。沈括据此分析，认为华北平原过去曾是海滨。这说明，早在约 1000 年前，我国学者就已经开始对化石有了较为科学的认识。

然而，在西方的一些国家，直到公元 16 世纪还有人认为化石是神灵雕刻的作品，并闹出了天大的笑话。当时有位名叫贝林格的学者坚信"化石神创说"，他努力寻找各种化石来证明自己的观点，在他的两千多件收藏品中，不仅有各种花鸟虫鱼，甚至还有一些绘制着日月星辰图案以及雕刻着拉丁文、阿拉伯文的石头。1726 年，贝林格教授根据他的研究成果写了一本书，引起社会极大的震动。然而，后来的某一天，贝林格教授获得了一块更神奇的石头，上面竟然清晰地雕刻着自己的名字！

事实的真相是这样的，这一切都是贝林格的同事导演的恶作剧，之前的那些稀奇古怪的化石也都是他的同事为了捉弄贝林格而故意伪造的。贝林格教授这时才醒悟过来，不得不承认自己的错误，并急忙回收自己出版的那本著作，一场闹剧才得以收场。

我们现在已经知道，其实化石的形成需要十分苛刻的地质条件。远古生物的遗体、遗迹（如恐龙脚印）、遗物（如恐龙蛋）等都有可能形成化石被保存起来，但并不是所有的东西都能变成化石，除了需要足够长的时间，还需要其他几个条件：第一，要有坚硬的东西，比如骨头、牙齿、外壳等是最常见的化石种类；第二，生物的遗体、遗迹或遗物要立即被诸如泥沙之类的物质掩埋，与空气隔绝，避免被破坏；第三，要有合适的环境，这些被掩埋的物质要长时间处于高温高压之下才能缓慢地变成化石。有学者估算，平均1万只动物死后，大约只有1只会成为化石，而1万块化石藏于地下，平均也只有一两块能被发现，由此可见化石有多么珍贵。

常见的化石

目前已经发现的化石有很多种，有些是动植物的遗体变成的，有些是动物的粪便或者脚印形成的，按生物分类不同分别称为动物化石、植物化石、脊椎动物化石、鱼化石等。

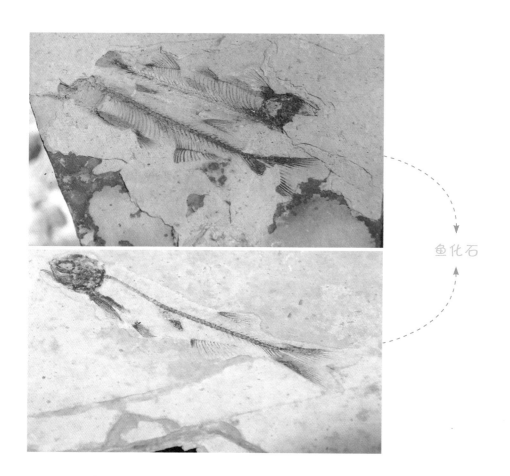

鱼化石

鱼化石（续）

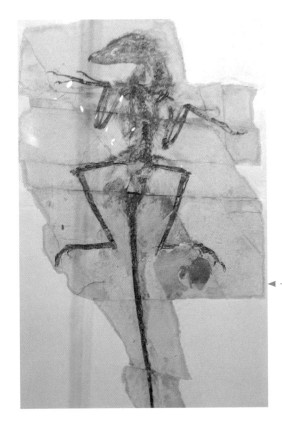

中国龙鸟化石，发现
于辽宁省凌源市的早
白垩世地层

鹦鹉嘴龙化石，发现于辽宁省北票市

　　以高原山地为主要地貌的贵州在遥远的地质历史时期曾是一片汪洋，沉积的厚层石灰岩既在这里形成了复杂的岩溶地貌，也埋藏了大量海洋生物化石。贵州省中部安顺市有一座少数民族聚集的县城名为关岭，当地村民几乎每天都在跟石头打交道，走的是石板路，盖房子、垒墙头也常用石头。有时候，人们会看到石头里出现一些奇怪的花纹和图案，但并没有在意，更不知道这些石头的特殊价值，直到后来地质学家深入考察，才揭开它们的神秘面纱。

　　1929 年，地质学家就开始在关岭发掘古生物化石。这里的化石形成于距今 2.2 亿年前的海湾环境，由多个门类的脊椎动物和无脊椎动物组成，其中既有大量的鱼龙、楯齿龙等海生爬行动物，也有海百合、菊石、鹦鹉螺、腕足类、鱼类以及各种古植物化石，品种繁多，保存完整，形态精美，真是名副其实的"远古动物坟场"，地质学家则惊叹地称之为"全球晚三叠世独一无二的化石库"。为保护这些珍贵的化石资源，2004年相关部门批准建立了关岭化石群国家地质公园。

鱼龙化石

产自贵州关岭的海百合化石

菊石

还有一类十分常见的化石是硅化木。在1亿多年前，突如其来的火山大爆发喷出许多火山灰，这些火山灰常常能够在短时间内迅速笼罩茂密的森林，并将高大粗壮的树木掩埋在地下。隔绝了空气，木头就不会腐烂，长时间处在高压、低温、缺氧的沉积环境中，地下水中的二氧化硅慢慢进入树木的内部，替换了原来的木质成分，但还保留着原来的木质形态、甚至清晰的木质纤维构造，由于其中含有大量的二氧化硅，故而得名硅化木。

硅化木产生于岩石中，却又保持着树木的外形和纹理，而且还比普通的树木坚硬许多。世界上很多国家都发现有硅化木，主要是以针叶树为主，伴有原始云杉、南美杉和茂盛的蕨类植物等，很多地方都

北京延庆硅化木国家
地质公园里的硅化木

产于印度尼西亚的硅化木

建立了专门的保护区或国家地质公园，比如中国有浙江新昌硅化木国家地质公园、北京延庆硅化木国家地质公园、新疆奇台硅化木恐龙国家地质公园，美国有亚利桑那州的石化森林国家公园等。

玉化的硅化木，仍可以看到清晰的年轮 - - - - ↑

　　我国新疆维吾尔自治区奇台县将军庙戈壁滩中也有一片规模宏大的化石群，其中发现的硅化木近千株，大多数直径在1米左右，最大的超过2米，有的平躺，有的直立，有的躯干完好，有的断成数节，植物纤维结构、年轮等特征清晰可见。与此地紧邻的是闻名中外的恐龙沟，古生物学家曾在这里发现许多完整的恐龙骨架，其中包括号称"亚洲第一龙"的马门溪龙。恐龙曾经自由自在地漫步于那些形成硅化木的参天大树之间，遗憾的是，后来它们几乎在同一时间被掩盖在深深的岩层之中。

对于地质学家而言，琥珀是一种十分有价值的化石。在几千万年以前的地质历史时期，松柏科植物分泌的树脂经地质作用被掩埋于地下，这是一种由碳氢化合物组成的烃类物质，后经石化作用而变成了琥珀。它的主要成分是碳氢化合物，质地很轻，相对密度只有 1.06~1.07，略大于水，具有易熔、可燃的特性。它的硬度也很小，莫氏硬度值为 2.0~2.5，跟人的手指甲硬度差不多，也就是说，有些琥珀能被手指甲划出痕迹来。由于在不同的地域和不同的地质历史时期，地质环境和气候状况不同，使得琥珀中或多或少地混入了其他物质，从而表现出不同的颜色特征，金黄色透明者为"金珀"，表面呈蓝色者为"蓝珀"，红色者为"血珀"，金黄色或棕黄色、半透明或不透明者为"蜜蜡"。

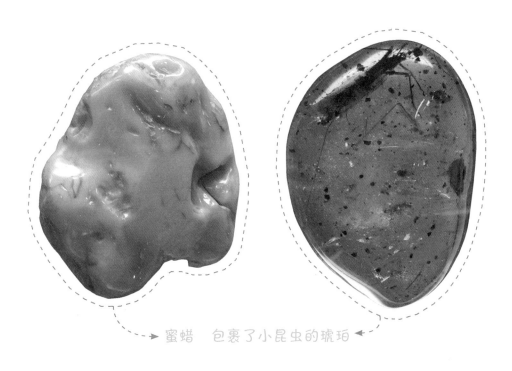

蜜蜡　　包裹了小昆虫的琥珀

有时候，琥珀中还会包裹蜘蛛、甲虫、蚂蚁等小型昆虫，所以，琥珀如同来自远古的"时间胶囊"，将时光永远定格于方寸之间。2020年3月，我国学者在一块发现于缅甸北部的琥珀中发现了一只有史以来已知的最小恐龙化石，体型与现存最小的鸟类蜂鸟大小相当。2022年2月，又有学者首次从琥珀中发现了现存最古老的花朵，它已经在地球上"绽放"了1亿年！更不可思议的是，他们还发现非洲南部迄今依然生存着这种花，形态并没有发生大的变化。这背后都经历了怎样的生命演化？隐藏在琥珀中的秘密还需要科学家慢慢去揭开。

以假乱真的"假化石"

认识和辨别化石并非一件简单的事情，稍不小心就很可能出现错误。岩石中有很多酷似化石的东西，地质学家称之为"假化石"。

2016年4月14日，湖南省郴州市桂东县某地发现一块4亿年前的古老岩石，在高2米、宽1.8米的石面上呈现出密集的松树枝叶状图案。有人认为这是植物的化石，可是有关专家经过研究后发现，这是一种典型的假化石，虽然看起来像是树枝的印痕，但实际上它是锰的氧化物结晶，名为"树枝石"或"模树石"。树枝石常常出现在岩石层面或节理面上，是由氧化铁、氧化锰等在特定的温度和压力下渗透进岩层中的缝隙固结而成，所以它常沿着节理面发生转折，这一点明显不同于化石的保存情况。树枝石的

大连金石滩滨海国家地质公园的龟背石，这种龟背石据说在全世界仅有两块，另一块在加拿大，是这块的三分之一大小

形成类似于冬天窗玻璃上冻结的霜花，水在结冰的过程中会因风或重力的作用而不断移动，边移动边凝结，所以就形成了各种美丽的图案。

在大连金石滩滨海国家地质公园的海边，有一块外貌奇特的巨石，岩石表面分布着规则的龟裂状网纹，看起来就像是乌龟的背壳一样，所以得名"龟背石"。其实，这也不是化石。通常而言，这样的岩石一般为石灰岩或粉砂岩，而其中的龟裂状网纹却是充填在裂隙中的方解石，这表明，在沉积岩形成过程中，由于外部环境发生变化而出现裂纹，比如因天气干燥而失水干裂，然后碳酸盐热液沿着裂缝充填结晶并胶结在一起。若干年过去了，原来的沉积岩遭到风化，而方解石脉突出在外面，整体看起来就像是龟壳的化石。尽管龟背石不是化石，但它们对于地质学家研究过去的沉积环境以及气候变化也有重要作用。

还有一种在沉积岩中形成的矿物质团块，其化学和物理性质与它们周围的岩石不同，经常被误认为是恐龙蛋化石。但它大小不一，小的直径几厘米至数十厘米，最大者达几米，显然不是生物化石。它们常常是围绕着中心一圈一圈地不断增长（地质学家称之为"同心环状构造"），就表明结核是分层依次沉积而成的，通常是在周围的泥沙胶结形成岩石之前，它们就已经先行变成了岩石。也就是说，在沉积过程中，海水中的某些矿物质以贝壳、鱼齿、珊瑚碎片等物质为核心层层凝聚，最终成为球状、卵状及各种不规则形状，这样的岩石被称为沉积结核。

沉积结核

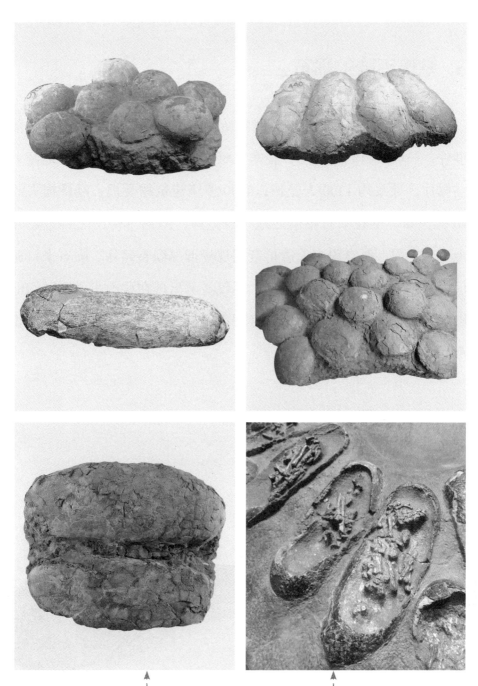

- - - ▶ 各种形状的恐龙蛋化石 ◀ - - -

3. 从天而降的陨石

2013 年 2 月 15 日上午，俄罗斯发生一起震惊世界的陨石坠落事件，一块陨石划过天空，在车里雅宾斯克州切巴尔库利湖地区上空爆炸，导致约 1200 人受伤，4000 多座建筑物受损，经济损失约 10 亿卢布。尽管陨石坠落之地十分危险，但消息传出之后短短几个小时之内，便有很多人急忙赶到现场搜寻陨石碎片。陨石来自遥远的外星球，带着神秘的光环，不仅经常出现在科幻小说和科幻电影中，而且越来越多地出现在奇石市场里，成为人们争相追逐的收藏品。

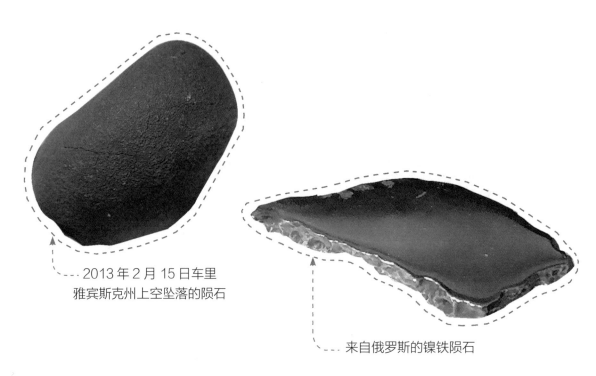

2013 年 2 月 15 日车里雅宾斯克州上空坠落的陨石

来自俄罗斯的镍铁陨石

陨石是什么

早在北宋时期，我国著名的科学家沈括在《梦溪笔谈》一书中就记载了陨石的故事。书中写道，北宋治平元年的某天傍晚，有一颗大星出现在常州上空，一声巨响之后，星星坠落在宜兴（现属江苏省）一户人家院内，烧毁了篱笆，并把地面砸出一个像茶杯那么大的洞，洞内很烫，发出微弱的光芒。过了许久之后，人们从洞里挖出一块拳头大小的圆石，颜色像铁，而且如同铁块一样沉重。

由此可见，陨石就是从外太空坠落下来的石头。在浩瀚的宇宙中，数以亿计的恒星、行星、小行星及其他太空碎片都在各自的轨道上运行着，但仍有不少星体会偏离运行轨道，甚至撞击其他星体。我们的地球有着厚厚的大气层作为保护伞，当外来物质飞入大气层时，在110~145千米的高空与大气发生摩擦而燃烧，形成一道道转瞬即逝的亮光划过天际，这就是所谓"流星"。一般情况下，它们下落至80千米的高空就已经烧光了，但也有少数块头较大的会剩余一些残片，坠落到地球上，这就是我们常说的陨石。

从化学成分上讲，陨石其实很普通，只不过是矿物的集合体而已。目前，我们在陨石中已发现200多种矿物，绝大多数矿物在地球岩石中都有，仅有几种是陨石特有的。按照其成分和结构分类，人们把陨石分为三类，分别是：石陨石，主要由硅酸盐矿物组成；铁陨石（又名陨铁），它们几乎全由铁镍合金组成；石铁陨石，大约50%为铁镍合金，另外50%为硅酸盐矿物。

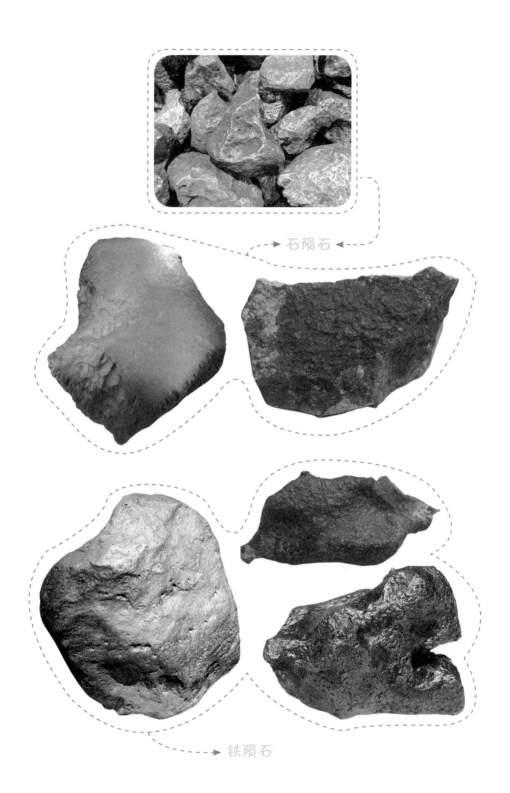

石陨石

铁陨石

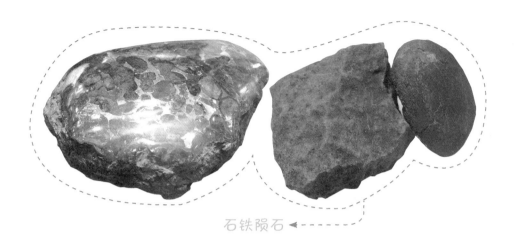

石铁陨石 ◀----

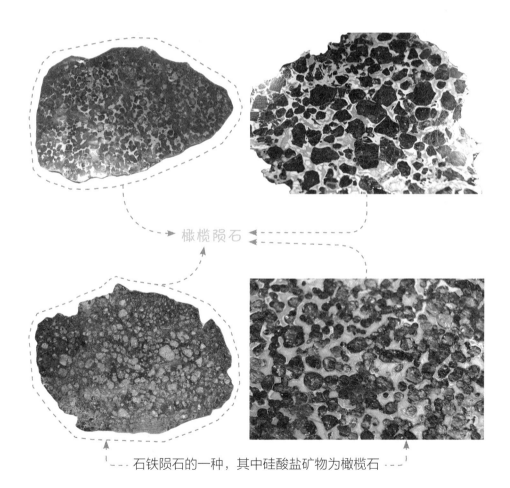

----▶ 橄榄陨石 ◀----

----▷ 石铁陨石的一种，其中硅酸盐矿物为橄榄石 ----

陨石的危害与用途

对于地球而言，陨石是个潜在的威胁。通过观察那些残留的陨石坑，我们依然能够想象到地球曾经遭受过枪林弹雨般的袭击。科学家已经在世界各地确认了 200 多个陨石坑，分布在 30 多个国家的土地上，形成时期远至数亿年前，近至几千年前，直径由几米到近百千米不等，比较著名的有美国亚利桑那州的巴林杰陨石坑、加拿大的冰古拉蒂陨石坑、印度的洛纳尔陨石坑等。有科学家研究认为，长江流域美丽的太湖就是陨石撞击地球形成的巨大陨石坑。

除了能够在地球上留下"伤疤"，陨石还可能造成生物大灭绝。有学者认为，6500 万年前的恐龙灭绝就与陨石坠落有关。当时，一颗直径超过 10 千米的陨石撞击了墨西哥尤卡坦半岛，在全球产生一股毁灭性的冲击波，扬起的灰尘遮挡住阳光，改变了气候条件，穿透了地壳，引起火山大爆发，最终导致了恐龙灭绝。

陨石撞击地球并非都是坏事，有时候它还能给我们带来珍贵的矿产资源。大约 3500 万年前，有颗直径约 5 千米的陨石坠落在俄罗斯西伯利亚地区，砸出了著名的珀匹盖陨石坑。奇怪的是，科学家在这个直径约 100 千米的陨石坑里竟然发现了钻石！虽然这些钻石的颗粒都很细小，直径基本上都不足 2 毫米，但储量超过了地球上所有已知钻石矿床的总和。原因在于，陨石撞击地球时会产生高压冲击波，能够将岩石中的石墨转变成钻石（石墨和钻石的化学成分都是碳）。毫不夸张地说，正是陨石撞击地球，才创造了这个财富满满的"聚宝盆"。

美国亚利桑那州的巴林杰陨石坑

什么样的陨石最具研究价值？除了跟它的大小、成分有关之外，更重要的是背后的故事。有明确的坠落时间、地点以及坠落时的各种伴生现象等记载的陨石，被称为坠落陨石；而人们未见坠落过程，只是根据它特殊的结构、构造、成分等特点而找到的陨石被称为寻获陨石。很

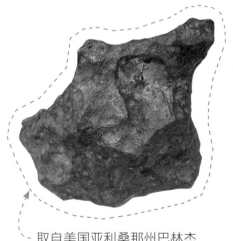

取自美国亚利桑那州巴林杰陨石坑的铁陨石

显然，坠落陨石更具有收藏和科研价值。陨石是天文学家的最爱，因为它能够带来珍贵的宇宙信息，天文学家通过研究陨石，不仅可

陨石切片上的维德曼花纹，这是铁陨石所独有的花纹，
其中发亮的窄条带是镍纹石，较宽的条带是铁纹石

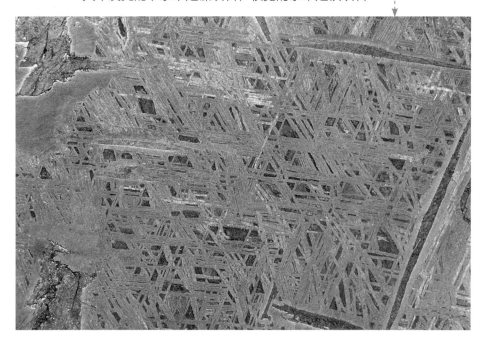

以了解外星球的物质成分，还能反过来推算地球内部的物质组成。2012 年日本一位男子曾捡到一块重约 6.5 千克的陨石，后来科学家研究发现，这块陨石距今已有 46 亿年，在它身上记录着太阳系诞生的历史，具有极其珍贵的科研价值。

历史上著名的陨石雨

有时候，当陨星进入地球大气圈之后，会发生爆炸形成碎片向四处迸射，如同雨点般洒落大地，这就是最让陨石猎人们心动的陨石雨。早在明朝正德年间，公元 1516 年 6 月，我国广西南丹县境内降落过一场陨石雨。到了 1958 年，当地的地质工作者在找矿时，根据群众提供的线索发现了铁陨石，后来在一片长约 10 千米、宽 3 千米的范围内共找到铁陨石 19 块，总重量约 9.5 吨。南丹铁陨石具有极高的知名度，是科学研究的重要标本。

根据记载，我国吉林省曾出现过多次陨石雨，如 1971 年吉林双阳县境内的陨石雨、1976 年吉林市北郊的陨石雨等，其中发生在吉林市北郊的这场陨石雨散落范围十分广阔。在一片东西长约 72 千米、南北宽约 8.5 千米的范围内，大约有 4 吨陨石物质陨落，人们共收集到陨石 200 多块，总重量约 2700 千克，其中最大的一块重达 1770 千克，现陈列于吉林市陨石博物馆。

2019 年 10 月 11 日凌晨 0 时 16 分，吉林省松原市附近上空突然出现一道明亮的火花，夜空顿时亮如白昼，持续了几秒钟之后随即又回归黑暗。陨石坠落的现象引起人们的好奇，随后便有很多陨石猎人赶赴现场搜寻陨石碎片。

╎- - - - - - 坠落在吉林市的陨石

搜寻陨石的"最佳猎场"

据有关研究机构的统计，平均每年坠落于地球的陨石超过20 000块，其中1千克以上的就多达4100块。它们都去哪儿了呢？如果是简单的随机分布，那它们中的70%都石沉大海了，剩下的部分才是陨石猎人们煞费苦心搜寻的目标。

据国际陨石数据库的资料显示，截至2020年2月17日，全世界已经发现并记录的陨石共70 958块，其中44 230块发现于南极，占总数的62.3%。这也就意味着，南极洲是陨石的"最佳猎场"，被人们称为"陨石的天然仓库"。为什么陨石都集中在南极呢？原因在于，南极气候寒冷干燥，绝大部分地区被冰川覆盖，缺少人类活动的干扰，陨石被包裹在冰雪中长期保存下来，而且当冰川流动时，一旦遇到山脉的阻挡，陨石就会沉淀下来并源源不断地聚集，所以南极的山麓地带就成了天然的陨石富集区。然而，对于普通人来说，南极遥不可及，只有携带着专业装备的科考团队才能自由自在地徜徉于这片陨石"猎场"。自 1912 年澳大利亚南极探险队在南极洲发现第一块陨石以来，世界各国的科学家纷纷来到这里，我国科考队员也在这里搜集到陨石上万块。

陨石表面的黑色熔壳和气印

其次，沙漠也是寻找陨石的好去处。由于沙漠地区人烟稀少，植被稀疏，陨石既可以较好地保存下来，又易于寻找。但沙漠陨石长期在干燥多风的环境中，受到的风化作用较为强烈，破坏比较严重，相比之下，铁陨石比石陨石抗风化能力强，更容易被发现。非洲撒哈拉沙漠、澳大利亚西南荒漠地区和美国新墨西哥州的沙漠地带都是陨石的重要发现地，迄今为止已经累计发现 4000 多块。近年来，我国新疆的罗布泊地区和库姆塔格沙漠成为新的陨石富集区，仅 2013 年 5 月，国内多家机构组成的一支科考队就在库姆塔格沙漠寻获陨石 47 块。

第三个"最佳猎场"是陨石坑。陨石坑是陨石坠落地球最直接的证据,通过观察那些地球上留下的"伤疤",我们依然能够想象到地球曾经遭受过重创。比如著名的美国亚利桑那州巴林杰陨石坑,是5万年前一颗直径约50米的陨石撞击而成,现存陨石坑直径1186米、深约170米,迄今人们已经在该陨石坑及周边地区发现的陨石总重量超过30吨,最大的一块重637千克。

有时候,因陨石坠落地表年代久远,未发现明显陨石坑,但如果曾发现体积较大的陨石,那也就意味着它的周围不远处可能还存在其他陨石碎片,这也是"捡漏"的好地方。1906年,人们在瑞典柏亚拉地区发现一块陨石,坠落于一百万年前,后来人们在该陨石发现地周边搜寻,不断有新的收获,陆续发现很多陨石碎片。

岩石里
隐藏的秘密

1. 岩石是怎么形成的

岩石究竟是怎么形成的？这样一个看似极其简单的问题，却困扰了地质学家很久很久。古希腊著名的哲学家泰勒斯对埃及尼罗河水的涨退记录进行研究后发现，每次洪水退去都会留下肥沃的淤泥，于是得出结论：万物源于水。后来，古希腊另一位哲学家赫拉克利特认为万物的本源是火，即使万物消亡，也要复归于火。正是在这两种截然不同哲学思想的影响下，地质学家都极为重视水或火在地质变化中的决定性作用，于是，关于岩石成因的"水火之争"拉开了帷幕。

维尔纳的"水成论"

英国著名的化学家波义耳曾发现，盐能从溶液中结晶出来，这为德国弗赖贝格矿业学院的亚伯拉罕·戈特洛布·维尔纳教授（1749—1817）的新观点提供了理论支撑。维尔纳认为，在地球早期，地表全部被原始海洋（混沌水）所淹没，从海水中不断沉淀、结晶出来的物质慢慢形成了岩石。它们按照先后顺序进行沉积，早沉积的位于下面，越往上沉积越晚。总而言之，在维尔纳的理论里，水是形成岩石的根本力量。

维尔纳能言善辩，他不仅是一位科学家，还称得上是一位演说家，总能用巧妙的语言为自己的理论自圆其说，他滔滔不绝，妙语连珠，让听众沉浸于他的理论中如痴如醉。据说，当年很多人因为他的学术名声和出色的演讲慕名而来，投奔到门下学习地质科学。

实际上，维尔纳是一个只注重理论思考而不善于进行野外考察的地质学家，这可能也与他一生体弱多病有关。维尔纳的一生几乎都是在弗赖贝格度过的，他的脚步从未踏出过德国萨克森州以外的任何地方。对于地质学家而言，如果不到野外进行实地考察，只凭自己的想象和空泛的理论去解释地质现象，总会出现一定的偏差，甚至错误。

赫顿的"火成论"

1785 年，英国地质学家詹姆斯·赫顿（1726—1797）在苏格兰高地的凯恩戈姆山进行考察时发现，这里的花岗岩呈岩脉状，也就是说它像树枝一样从不同方向插入其他岩石中间，而且导致周围的其他岩石发生了变化。这表明，花岗岩应该比周围的其他岩石年轻，它是在周围的其他岩石形成以后才侵入的，这也就意味着，花岗岩是炽热的熔岩冷却之后形成的，而不是从水中结晶出来的。这与当时流行的"水成论"明显不符。

经过详细的研究之后，赫顿写了一篇很长的学术论文，并在爱丁堡皇家学会的会议上宣读。遗憾的是，没有人对他的论文感兴趣，因为他那蹩脚的文字和枯燥的叙述让每一位听众都昏昏欲睡，没有人听得懂他到底在讲些什么。后来，赫顿花了整整 10 年时间写出了

凯恩戈姆山的美景，不过在图片里看不到岩脉状的花岗岩，它们在地底下，需要地质学家经过勘查才能发现

一部将近 1000 页的鸿篇巨制，依旧没有人能读懂——确切地说，是没有人愿意去读。就这样，直到赫顿病逝，也几乎没有人理解他的伟大理论。

要不是后来赫顿有一位文笔极佳的好友来帮忙，恐怕我们永远都不知道他的成就有多么重要。爱丁堡大学的数学教授普莱费尔对赫顿的著作进行了深入研究，并亲自到很多国家进行野外考察，重新整理了赫顿的理论，在 1802 年出版了《关于赫顿地球理论的说明》。从此之后，赫顿的理论才慢慢传播出去，不仅形成了"火成论"的系统学说，吸引了越来越多的支持者和继承者，而且为赫顿带来了巨大的声誉，后世尊称他为"现代地质学之父"。

"火成论"的主要观点包括：火成作用是主要的地质作用，陆地上的花岗岩和玄武岩是岩浆形成的；水成作用也是一种重要的地质作用，陆地上的岩石受到风雨和流水的侵蚀，然后流向海洋

花岗岩，北京凤凰岭典型的花岗岩地貌

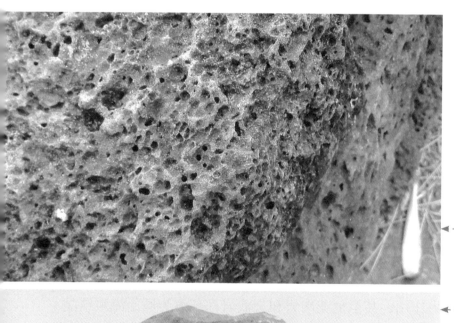

玄武岩，上图可看到它的气泡结构，这的确是岩浆的杰作

并沉积下来，固结形成岩石，升出海面以后才形成陆地。这也就意味着，虽然赫顿提出了"火成论"的观点，但并没有完全否认"水成论"。

水火不容的激烈纷争

"水成论"与"火成论"针锋相对，水火不容。特别是在1790年到1830年间，争论最为激烈。在1807年成立的伦敦地质学会中，13名会员无一赞同"火成论"；第二年，该学会增加了4名会员，也只有1名会员支持"火成论"而已。后来，越来越多的人加入到支持赫顿的阵营，许多原本支持维尔纳观点的科学家也纷纷倒戈。据说，这两种学说各自组成了学派，为了一争高下，他们在苏格兰爱丁堡的一座古堡里展开了现场辩论。让人意想不到的是，原本是学者之间的学术辩论竟然变成了一场"骂战"，双方相互指责和谩骂，甚至还发生了斗殴。其实，这场看似可笑和有辱斯文的争斗，恰恰反映了那个时代人们执着的科学追求。

从表面上看，地质学历史上的"水火之争"以"水成论"完败而告终，但实际上，他们的观点都存在片面性。"水成论"过分强调地球的外力作用，甚至把花岗岩和玄武岩都理解为原始海水结晶的产物，忽视了地球的内力作用；而"火成论"则强调内力即火山和地震的作用，就连地表的起伏都被理解为洋底在地球内部火的作用下上升运动的结果。

科学的争论，文学家也来凑热闹

歌德是德国最伟大的作家之一，他创作了《浮士德》《少年维特之烦恼》等享誉世界的作品。不过，很多人未必知道，他也是一位喜欢探索自然的科学家。在歌德的文学作品中，我们经常能够看到他对山川的描述，言语之中都渗透着他对自然变化的认识和思考。他最初是"水成论"的支持者，后来随着地质学知识的不断拓展，他觉得"火成论"似乎也有些道理，于是，就试图调和这两种对立的观点。在他的代表作《浮士德》中，就突出描绘了水神和火神的矛盾冲突，借此来表现"水成论"与"火成论"的斗争。

2. 地球的"日记本"

自人类诞生至今，已有数百万年的历史，我们通过前人记录下的文字了解历史文明的发展历程。而对于整个地球的漫长历史，我们该如何去了解呢？有人说："地球用岩石书写日记。"这本"日记"里到底记载了哪些稀奇古怪的故事呢？地质学家通过对岩石的研究，逐渐揭开地球诞生之谜、生物演化之谜、生物灭绝之谜。

地球的诞生

在遥远的古代，人们由于受到宗教的影响，始终坚信地球是宇宙的中心，并静止不动，太阳、月亮、行星和其他卫星都围绕地球运转，这也就是所谓"地心说"。到了16世纪，波兰著名的天文学家哥白尼发表了《天体运行论》一书，书中认为地球并不是宇宙的中心，太阳才是中心，从而彻底推翻了"地心说"，提出了"日心说"。

然而，随着科学的不断发展，我们逐渐认识到，太阳也并不是宇宙的中心，宇宙比我们想象的要大很多。太阳的直径比地球直径大100多倍，而在太阳之外，则是银河系，众多与银河系相似的星系组成本星系群，然后进一步组成本超星系团……所以，在整个宇宙中，我们的地球仿佛只是一粒尘埃，地球的诞生只是150亿年前那场宇宙大爆炸的结果。

根据多种测量手段，人们推测出地球的年龄是 46 亿岁。在 46 亿年前，当宇宙形成之后，灰尘和气体组成的星云物质缓慢地旋转，由于万有引力的作用，它开始收缩并且越转越快，在此过程中大量的星际物质彼此吸引，然后聚积在一起，就形成了太阳系以及几大行星，其中就包括原始的地球。

原始的地球形成以后，它内部的物质就开始发生变化，因为地球内部含有大量的放射性元素，这些元素在衰变成其他物质时会释放大量的热，巨大的热量能够将地球内部物质变成近似于液体的熔融状态。在重力的作用下，一些较重的物质开始慢慢向地心下沉，比如铁、镍等，形成地核；另外一些较轻的物质逐渐上浮，就组成了地幔；地幔的表层慢慢散热冷却，变成了坚硬的原始地壳。

相对于岩石而言，大气和水是相对密度最小的，它们源于地球内部，在"重者下沉，轻者上浮"的总体趋势下，大气和水移动到了地球的最外层。在这一过程中，来自外星的陨石可是帮了个大忙。在地球的早期，陨石坠落到地球是极其频繁的事情，沉重的撞击打破了原始的地壳，使得地壳以下熔融的岩浆喷涌而出，喷出物中不仅仅是炽热的岩浆，更多的其实是各种气体，包括甲烷、氨气、一氧化碳、二氧化碳等，其中还夹杂着水蒸气。大量的气体聚积在地球的外部，从而形成了原始大气圈。大气中的水遇冷凝结，降落到地表，在低洼地带汇聚，于是形成了海洋，这里才是原始生命的诞生地。

生命的诞生和演化

在悬崖峭壁、河岸或修建公路时开挖的地段，我们经常会看到，岩石会显现不同的颜色或不同的层理，各层的厚度也不同，有的只有几毫米厚，有的可厚达几千米，这一层层的岩石构成了地层。

当地层形成之初，它们都是水平状态或者接近水平的，当一层沉积物沉积之后变成了岩石，接下来另外一层沉积物又沉积下来，就覆盖在原来的岩石之上，这样不断沉积下来，岩石就越变越厚。总的规律就是：较老的地层先形成，较新的地层后形成，原始产出的地层都是"下老上新"，这个规律就是地质学上常说的"地层层序律"。

但是，由于地球上的构造运动频繁，很多时候地层会发生倾斜甚至层序颠倒，这就需要依据更多的调查资料来确定它的新老关系。之所以要确定这种关系，是为了研究地质体形成或地质事件发生的先后顺序，即根据现在的观察来推测遥远的过去发生的一些事情。对于地质学家来说，研究地层需要一个好的"向导"，这就是化石。

地质学家研究发现，不同地层中包含的化石各不相同，因此认为，如果不同地区的地层含有相同的化石，那么这些地层就属于同一时代。也就是说，即使现在很多地域已经不是连通的，如果地层中所含的化石种类相同，那么在遥远的过去它们就是同一时期形成的，甚至地理环境都类似。这一科学论断称为"生物层序律"。

因为生物的演变是一个从简单到复杂、从低级到高级、物种从少到多的过程。所以，在年代越老的地层中所含有的生物应该越原始、越简单、越低级，年代越新的地层中所含的生物应该越进步、越复杂、越高级。地质学家通过研究地层中的化石，可以得知地层形成的先后次序，并进一步推算其形成的具体年代。

原始的岩石圈、水圈和大气圈在地球表面逐渐形成，也就给生命的诞生做好了充分的准备。根据目前的推理，地球上最早的生命应该是始于38亿年前。科学家在南非发现的单细胞细菌状化石，经测定，距今约38亿年，而在澳大利亚发现的类似化石，距今35亿年，这是迄今为止人类所发现的最古老的生物化石，它不仅揭示了原始生命出现的时间，也展现了原始生命的形态，即单细胞生命。这种最低等的原始生命不需要氧气即可生存，但是它不能自己制造食物，必须依靠原始海洋中的有机物来获得养料。

距今25亿~5.4亿年前，地球上开始出现海生藻类和海洋低等无脊椎动物。

距今5.4亿~2.3亿年前，蕨类植物繁多，海洋生物繁盛，并开始登上陆地，地球进入鱼类时代和两栖类动物时代。

距今2.3亿~6500万年前，地球进入裸子植物时代和爬行动物时代。身躯庞大、体态各异的恐龙称霸世界，它们不仅横行于大陆，还占领了天空和水域。这一阶段，原始的哺乳动物也开始出现。

6500万年前至今，为被子植物和哺乳动物时代，各种食草和食肉的哺乳动物空前繁盛，最后，人类出现。

为了更直观地理解地球的演化历史，法国科学家里夫把46亿年的时间压缩成了一天：这一天的前四分之一时间，地球上是一片死寂；等到了清早6点钟的时候，最低级的藻类开始在海洋中出现，它们持续的时间最长；一直到了晚上8点钟，软体动物才开始在海洋与湖沼中活动；晚上11点钟，恐龙出现，但只"露脸"了短短十分钟便匆匆离去；最后20分钟里，哺乳动物出现并迅速地分化；11点50分，灵长类的祖先登台，最后两分钟的时间里，它们的大脑扩大了三倍，成为人类。

五次生物大灭绝

在地球的发展史上，生命从无到有，再到多样化，经历了长达数亿年的时间。在漫长的地质历史时期，不单单是生物生生死死的过程，也是无数物种由诞生到灭绝的过程。根据化石记录，我们的地球至少已经发生过五次大的生物灭绝和若干次小型的生物灭绝事件。

从寒武纪开始，地球上浅海广布，气候十分适宜生物的生长，海洋生物十分繁盛，比如三叶虫、腕足类、双壳类、腹足类、海百合、藻类等。然而，到了4.46亿~4.44亿年前，即奥陶纪末期，这200万年间地球上发生了第一次大规模的物种灭绝事件，所以，又被称作奥陶纪灭绝事件。关于此次生物灭绝的原因，古生物学家认为是由全球气候变冷造成的，当时的地球正经历安第斯—撒哈拉冰河时期，全球温度下降，改变了生物的生存环境，最终导致大量物种灭绝。

在 3.75 亿年前至 3.6 亿年前，泥盆纪与石炭纪过渡时期的生物大灭绝事件持续了近 2000 万年，期间有多次灭绝高峰期，使得海洋生物大量灭绝，而陆地生物受到的影响较小。从规模上看，82% 的

美丽的珊瑚

珊瑚化石

海洋物种灭绝，当时浅海的珊瑚几乎全部灭绝，深海珊瑚也部分灭绝，在五次大灭绝事件中排名第四位。关于此次灭绝事件的原因，有学者认为是地球进入卡鲁冰河时期所致；也有学者认为是这期间发生过彗星撞击地球事件所致；还有人认为是陆生植物大量繁育，它们进化出发达的根系深入地表土之下数米，加速了陆地岩石土壤的风化，大量的铁元素释放并进入地表水，造成了水系的富营养化，从而导致了海底缺氧事件。

在 2.5 亿年前的二叠纪与三叠纪过渡时期，地球上发生了迄今为止已知的最大规模的物种灭绝事件。在当时的生物大灭绝初期，地球的温度是 25℃，而生物大灭绝结束，温度为 33℃，短短几万年的时间里地球温度升高了 8℃，这足以说明当时的地球经历了一场

苏铁，属于裸子植物，中生代繁盛，现代热带和亚热带还有分布

全球范围的高温期，其罪魁祸首，是当时大规模的火山活动向外释放了大量二氧化碳，它们就像塑料大棚一样笼罩在地球表面，能够让太阳光照射进来却阻挡地球上的热量向外散发，于是就引发了快速的温室效应。

距今 2.08 亿年前的三叠纪与侏罗纪过渡时期的生物大灭绝事件影响遍及陆地与海洋。也正是这次灭绝事件，给恐龙提供了广阔的生存空间，使得恐龙成为侏罗纪的优势陆地动物。这次灭绝事件历时很短，不足一万年的时间，其原因至今未有定论。最常见的观点是一颗直径为 3.3~7.8 千米、重量约 5000 亿吨的陨星撞击地球所致。

距今 6500 万年前，墨西哥尤卡坦半岛的希克苏鲁伯撞击事件使得阳光被大规模遮蔽，妨碍植物的光合作用，从而造成了生态系统的瓦解，大量生物灭绝，其中包括统治全球陆地生态系统超过1.6亿年之久的恐龙，此次白垩纪—古近纪灭绝事件的规模在五次大灭绝事件中排名第二。

关于生物灭绝的原因，虽说观点众多，但归结起来也就是三大类：第一，气候的突变，全球气候变冷或变暖，造成众多生物无法适应新的温度环境而逐渐火绝；第二，火山的爆发，导致大气成分甚至全球气候和海水环境变化；第三，外来星体的撞击，对于地球而言，"天外来客"的撞击真可谓飞来横祸。如此种种灾难，都是"天灾"，地球上的生物只能眼睁睁看着灾难发生却

鹦鹉嘴龙化石，发现于辽宁省义县的早白垩世地层

------- 猛犸象复原图

无能为力。而且，生物大灭绝具有明显的周期反复性。科学研究表明，其平均周期为 5900 万年到 6500 万年，也就是说，地球每经历这么多年，就会爆发一次较大规模的生物灭绝，而离我们最近的上一次生物灭绝事件就发生在 6500 万年前。

很显然，地球上的五次大规模的生物灭绝事件都是自然现象，并没有人类的参与。尽管相对于地球的历史而言，人类的历史极为短暂，但是，人类出现之后，对自然资源的过度索取、对自然环境的严重污染，使得生态系统的自然平衡出现了倾斜，大量物种的种群数量减少，甚至消失不见，由于人类活动的强烈干扰而造成的物种灭绝速度大大超过了自然灭绝速度。剑齿虎、短面熊、袋狼、披毛犀、渡渡鸟、大地懒、恐鸟、爱尔兰麋鹿、大河狸、猛犸象……

这些曾经盛极一时的生物早已从地球上彻底消失了。它们就好像是地球上的过客，匆匆而来，却又匆匆而去，留给我们的只有无限的思考。

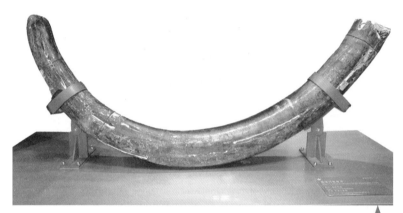

猛犸象象牙化石，发现于黑龙江省青冈县

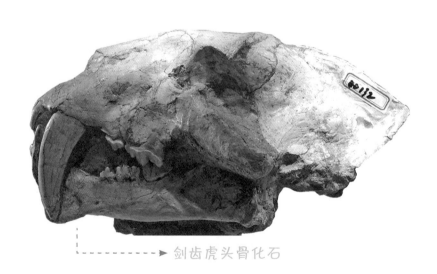

剑齿虎头骨化石

人类正导演"第六次生物大灭绝"?

在 2006 年，联合国发布的《全球生物多样性展望》中就已经明确指出：我们人类目前正在导演第六次地球生物灭绝事件，这也是自恐龙灭绝之后最大的一次。自从人类出现之后，生物灭绝的速度大大加快了。据估计，由于人类活动的强烈干扰造成的物种灭绝速度是自然灭绝速度的 100~1000 倍！有学者指出，自工业革命以来的 200 年间，以前是每天灭绝几种的生物，到现在每天灭绝 100 种的生物，照此下去，100 年将灭绝 365 万种生物，按世界上现有的生物有 2000 万种计算，那么不到 1000 年，地球上的物种将消失殆尽。

3. 寻找"金钉子"

在我国浙江、江苏和安徽的三省交界处，太湖的西南岸，有一个面积仅有 1430 平方千米的长兴县，或许你并没有听过它的名字，但是在国际地质学界，它可是有着鼎鼎大名。

长兴县的"金钉子"

地球自诞生至今的 46 亿年间，经历了多个地质时代，为了便于研究，地质学家将其划分成了若干单位，分别用宙、代、纪、世等进行表示，宙下是代，代下分纪，纪下分世，世下分期，期下分时。比如显生宙分为：古生代、中生代、新生代，而中生代又分为：三叠纪、侏罗纪、白垩纪。

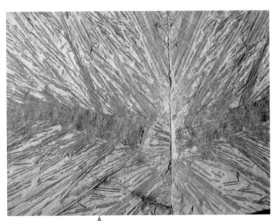

新芦木化石和银杏化石，产于三叠纪地层

满洲龟化石，产于辽宁省北票市

对于不同的时代之间的分界，不同的国家研究出来的结果往往不同，缺乏统一的标准，那怎么才能将全球不同时代的地层划分统一起来？这需要找到世界各国地质学家公认的标准剖面才行。

大约在 19 世纪时，美国人民为了纪念东西部铁路大动脉接轨，在竣工时钉下了一枚用黄金制成的铁路道钉，俗称"金钉子"。地质学家借用这个故事，认为地质时代的划分意义重大，也应当有这样的"金钉子"。地质学家的金钉子全称很长，为"全球年代地层单位界线层型剖面和点位"，简称"GSSP"。目前，全球地层年表中一共有"金钉子"110 颗左右，已经确立的有 69 颗，其中我国有 11 颗，浙江省长兴县拥有 2 颗，分别为 2001 年 3 月确定的二叠系—三叠系界线"金钉子"，2005 年 9 月确定的吴家坪阶—长兴阶"金钉子"。长兴县也因此成为全球唯一一个在同一剖面上同时拥有 2 颗金钉子的地质遗迹保护区。

三叶虫化石

标准化石 "牙形石"

地质学家确定地质年代最重要的一个依据是生物层序律，也就是依靠化石。简单地说，生物的演化趋势都是从简单到复杂，从低级到高级，所以留在地层中的化石也就会呈现出一系列的演化顺序。但是，问题出现了，地球那么大，生物种类那么多，世界各地的生物化石多种多样，怎么才能统一起来呢？

这需要找到一种"标准化石"，也就是说要寻找一种分布广、数量大、演化快，在某一地层单位中特有的生物化石，该层以上和以下的地层中基本上没有这种化石，才能依靠它确定地层的地质时代。比如最有代表性的远古动物三叶虫，早在距今5.6亿年前的寒武纪就已出现，在距今5亿~4.3亿年前发展到高峰，至2.4亿年前的二叠纪时完全灭绝，前后在地球上生存了3.2亿多年，它们就是典型的标准化石。

对于划分二叠纪和三叠纪的标准化石，国际上长期以来采用的都是欧洲学者认为的耳菊石。我国的学者在中国大陆上大多数地方都没有找到这种化石，不过，困难并没有吓倒中国人，反而更加激发了科学家们积极进取的斗志，他们大胆地放弃了耳菊石，而把目光投向了另外一种微小的生物化石——牙形石。这是一种海洋生物化石，它们死后的肉体部分腐烂掉以后只剩下头部的骨骼变成了化石，由于外形很像某些鱼类的牙齿，故而得名牙形石，也被称为牙形刺。这种类型的化石个体很小，通常仅为0.3~2.0毫米，但数量多，在全球广泛分布，而且我国地质学家张克信教授在长兴煤山D剖面第27层16厘米厚的灰岩中找到了牙形石的连续演化序列。经过我国地质学家的不懈努力和国际地质科学联合会的投票，最终确认以浙江长兴煤山的"牙形石化石"为划分古生界和中生界的标准化石。从此之后，这颗划分古生界和中生界（同时也划分二叠系—三叠系）的"金钉子"就牢牢地钉在了长兴县。

最大的一次生物灭绝

地球史上曾经发生过五次大规模的生物灭绝事件，其中规模最大的一次，是在2.5亿年前的二叠纪—三叠纪过渡时期。在浙江长兴煤山D剖面第25层下面的灰岩里，地质学家发现了大量二叠纪末期的海洋生物化石，但是，它们大多数都没能穿过第25层和第26层这两个仅有十几厘米厚的黏土层，而在这层黏土层之上的岩石中，生物化石就变得非常少了。通过研究这些资料，地质学家将其与二叠纪—三叠纪过渡时期的生物大灭绝事件联系了起来。

令人疑惑的是，这究竟是什么原因造成的呢？有学者认为，这与恐龙的灭绝一样，是陨石撞击地球的后果。而以殷鸿福院士为首的科研团队通过长期的分析检验，并没有在这层薄薄的黏土层中发现陨石撞击地球应该留下的铱元素，而是发现了不少火山灰物质和高温石英。随着研究的不断深入，他们否定了陨石撞击的观点，进而提出了二叠纪末的生物大灭绝与当时大面积的火山爆发有关。

后来，中科院南京地质古生物所的沈树忠研究员和美国麻省理工学院的科学家通过矿物测年方法确定了这次事件发生的具体时间，他们发现煤山剖面标志生物大灭绝开始的25层火山灰为2.51941亿年前，终结于2.5188亿年前，这意味着大灭绝发生在大约6万年的时间段内，并且是一次突发性的灭绝事件。对于整个地球史而言，这仅仅是"眨眼之间"，而如今这些都被完整地保存在浙江长兴煤山剖面中。

长兴地质遗迹国家级自然保护区 --------

长兴煤山剖面不仅成为地质学家关注的焦点，也逐渐成为重要的科普基地。现如今，国务院已经批准长兴县城东北的槐坎乡和煤山镇两行政区的交界地段275公顷的地方为长兴地质遗迹国家级自然保护区，主要的保护对象就是"金钉子"。这里还建造了金钉子地质博物馆，通过宇宙地球厅、生物进化厅、金钉子厅、古木化石展区以及4D影院向前来参观的游客展示地球的地质发展史以及生物进化史。

三叶虫是什么?

三叶虫是节肢动物门中已灭绝的一纲。个体一般长数厘米,最大的长度可达 70 厘米,小型的长度仅数毫米。背壳一般为椭圆形,被两条纵向背沟分为三部:中轴及其两侧的肋部,也可横分为头、胸、尾三部,故名三叶虫。三叶虫都是海生生物,绝大多数喜欢生活在海底,少数钻入泥沙中或漂游生活。三叶虫开始出现于早寒武世,以寒武纪及奥陶纪最繁盛,到志留纪时期已经衰退,晚古生代仅有少数代表生存,古生代末全部灭绝。我国三叶虫化石非常丰富,是早古生代地层的重要标准化石之一。

四

如何
观察一块石头

1. 地质工作者的工作方法

在荒无人烟的大山里，几位衣着朴素的年轻人在山坡上走走停停。他们斜挎单肩包，手里拿着铅笔和图纸，一会儿弯下身子用锤子敲敲打打，随后捡起几块石头，左看看、右看看，一会儿又站起来对着图纸指指点点，用铅笔在小本上写写画画。他们究竟在干什么呢？

你或许以为他们是在写生画画、旅行探险，或者是传说中的"摸金校尉"。其实都不对，他们是地质工作者，一群以石头为研究对象的人，常年奔走在山川荒野间，进行地质勘探。

专业的装备

对于地质工作者来说，首先需要的是图纸。其次是随身携带的小件工具，包括罗盘、地质锤、放大镜、GPS 定位仪、电子罗盘、望远镜、测距仪、数码相机等。

罗盘看上去像指南针，通过地球的磁力辨别方向。

进行地质勘探时，地图就好像地质工作者的眼睛，有了地图的指引，才能明确行走的路线和方向

但它可不是普通的指南针，除了可以帮助辨别方向以外，它还能测量岩层产状。只要有了它，山上的岩层是平的还是斜的，往哪个方向倾斜，倾斜多少度，都能搞得一清二楚。

地质锤，一头平钝，一头尖锐。平头用以敲击岩石，可把石头砸下小块儿，取样观察；尖头用以对岩石样品进行简单修饰，使其大小合适，便于携带，也可用于拨开平坦的岩层。比如，很多一层一层的页岩中间会存在珍贵的化石，直接敲击容易破坏化石，必须用地质锤的尖头小心翼翼地一点点剥开才行。

罗盘，地质工作者用罗盘测量岩层产状，即岩石朝哪个方向延伸，朝哪个方向倾斜，倾斜多少度

┄ ┄ ┄ ┄ ┄ ► 地质锤

页岩

GPS 定位仪通过卫星把你所处的三维空间位置准确标定出来，包括经度、纬度和高程。只要随身携带这件工具，就再也不怕迷路了。倘若不幸遭遇危险，只要报出所在地的坐标，救援人员就能迅速找到你的准确位置。

GPS 定位仪

测距仪，通过发射激光到达所观察的物体再反射回来，即可立即测量出距离、高度等基本数据。

除了携带"单兵作战"的便携式装备，地质工作者还可以带上数码电子显微镜、平板电脑、三维激光扫描仪、小型无人机、地质雷达、钻探机械等，这些装备通常为小组配备。

自古以来，中医看病讲究"望、闻、问、切"，而地质工作者就像地球的医生，他们的工作方法与医生问诊相似，总结起来就是八个字：观察、记录、取样、探测。

第一招：观察

观察是获取野外地质资料的第一步。每到一处，地质工作者首先要做的工作就是查看周围的地质环境。在这个过程中，他们需要借助专用的图纸。比如，地形图上密密麻麻的等高线，告诉他们哪里陡峭、哪里平坦，哪里是山峦、哪里是河流；地质图上五颜六色的地层，

地质工作者在实地观察岩石的矿物成分和结构特征

告诉他们附近有哪些岩石，都形成于什么年代。对着图纸，他们不仅可以找到自己的位置，还能按图索骥，寻找矿产资源。

第二招：记录

记录就是要把观察到的东西记下来，不仅包括眼睛直接看到的现象，比如山川河流的地貌特征，还包括一些测量的数据，比如用 GPS 定位仪测量的经度、纬度和高程，用罗盘测量的岩层倾斜度。

对于一些特殊的地质现象，有时候用文字表达不清，就需要绘制素描图，或者用照相机拍下照片。这些记录都是最重要的原始资料，供日后分析和查阅。

地质工作者在野外记录本上记下观察到的地质现象，包括地形地貌、岩石矿物特征以及手绘素描图等

第三招：取样

取样就是采集岩石标本，带回实验室分析。地质锤只能敲打裸露的岩石，如果我们想看地下的岩石，则需要进行钻探。简单地说，就是用机器带动旋转的钻杆朝地下打洞。这是一件既脏又累的体力活儿，而且随着深度增加，施工难度越来越大。比如，1970年科学家在北极的科拉半岛打下一口钻井，深度达到12 262米，但这还不足地球半径的1/500，如果把地球比作一枚鸡蛋，它还没有钻透鸡蛋壳呢。

第四招：探测

如果说钻探就像外科医生的"手术刀"，深入地球取出某些"组织"供科学家化验，那么探测技术就如同医生给病人做电子计算机断层扫描（CT），能把我们肉眼看不到的信息展现出来。

一种方法是接收地球内部发出的地震波。1909年10月，欧洲巴尔干半岛发生一场地震，有位名叫莫霍洛维奇的科学家发现，地震波的传播速度在地下50千米深处发生了突变，他据此分析，认为地球内部存在一个界面，界面上下的物质成分和密度明显不同。于是就发现了地壳与地幔的分界面，即莫霍面。

还有一种方法是主动朝地下发射地震波或者电磁波，然后接收反射回来的信号，就可以推断地下岩层的性质。此外，地质工作者还可以探测地下岩层的重力、磁场、电场、放射性等物理性

质以获取更多信息，也可以通过卫星遥感技术从高空探测地面情况。

总之，随着科技的日益发展，地质工作者的野外装备逐渐更新换代，仪器越来越先进，工作方法也越来越高效，勘探的结果也会越来越精确。

地质工作者通过地质雷达向地下发射电磁波探测地下岩层的情况

2. 察颜观色认矿物

自然界中矿物种类繁多，形态各异，如果在你面前摆上几种，如何辨别它们呢？记住，首先观察它们的颜色、透明度、光泽和晶体形态，这些是仅凭肉眼就能看到的；然后可以借助其他简单的仪器设备进行测量，比如矿物粉末的颜色、硬度、解理、发光性、磁性等。

看颜色

颜色识别最直观，也是观察的第一步。很多矿物都有自身十分独特的颜色，比如辰砂、菱锰矿、赤铜矿、钒铅矿等会有鲜红的颜色，雄黄、钼铅矿通常为橘红色，雌黄通常为柠檬黄色，褐铁矿通常为褐色，自然硫、自然金、黄铜矿通常为黄色或金黄色，孔雀石、绿松石、绿柱石、橄榄石、天河石通常为绿色，青金石、黝帘石、蓝铜矿、青铅矿、方钠石、堇青石、胆矾通常为蓝色，紫水晶、锂辉石通常为紫色，石墨、磁铁矿、锡石、黑云母通常为黑色，滑石、白云石、硼砂通常为白色，透明的石膏、冰洲石（方解石的一种）则通常为无色。

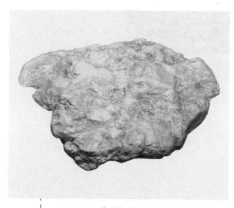
自然金

自然铜

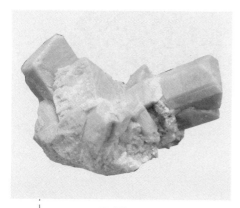
天河石

橄榄石

因为含铜,绿色是孔雀石的基本色调。尽管不同产地的孔雀石略有差异,但基本颜色不会变

黝帘石

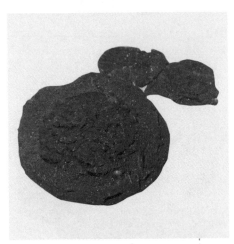

蓝铜矿

红色的菱锰矿

紫水晶

紫色的锂辉石，左图锂辉石产自巴西，右图锂辉石产自阿富汗

当然，大部分矿物都不只有一种颜色，比如石英、萤石、方解石，它们都有十分丰富的色彩种类，而且不同的矿物也常常会有相同的颜色，所以仅凭颜色是不易于辨别的。据媒体报道，2015 年 8 月 26 日的一大早，陕西省勉县城区的一个十字路口就聚集了近百人，只见他们低头弯腰在捡 "金子"，尽管交警努力疏导也无济于事。原来，这是物流公司在运输过程中不小心将金灿灿的矿物颗粒散落，所以引来了大家的疯狂举动。而实际上，这些矿物颗粒并不是黄金，只是颜色与黄金相似的黄铁矿而已，其价值与黄金相差甚远。

不同颜色的水晶

各种不同颜色的石榴子石

观察透明度

在光照中，只有少数矿物能像玻璃一样完全透明，比如某些种类的石英、石膏、方解石等，绝大部分矿物都是不透明或者半透明状态的。比如自然金、自然银、自然铜、方铅矿、蓝铜矿、锡石、辉锑矿、黑钨矿等绝大部分金属矿物都是不透明的。有一种透明至半透明的正长石，其表面有一种朦朦胧胧的感觉，如同月光笼罩一般，古人认为它就是凝固的月光，把它加工成宝石并取名为月光石。

- - - - - - - 水晶、钻石，透明矿物 - - - - - -

- - - - - 黑钨矿、锡石，不透明矿物 - - - - - -

月光石，由半透明的正长石矿物加工而成

细究光泽

当光线照射矿物时，一部分可能会透过去，另外一部分则会被反射回来，观察反射光的强度，即所谓"光泽"，也能辨别某些矿物。

比如自然金、方铅矿等，是典型的金属矿物，表面反射光线的能力很强，具有典型的金属光泽，而长石、石英、萤石、方解石、橄榄石等绝大部分透明矿物的光泽都类似于平板玻璃，所以被称为"玻璃光泽"。

此外，还有一些矿物具有非常特殊的光泽，纤维石膏的光泽类似于一束蚕丝，故而称为"丝绢光泽"；块状叶蜡石的光泽如同石蜡，被称为"蜡状光泽"；高岭石的光泽很弱，暗淡如土，甚至于没有，被称为"土状光泽"。

紫水晶与方解石共生，
水晶和方解石表面的
光泽都为玻璃光泽。

萤石，具有玻璃光泽

辨别晶体形态

晶体形态也是辨别矿物最重要的特征之一。不同的矿物，往往具有不同的生长习性，有些矿物总是沿着一个方向生长，从而变成了柱状，如辉锑矿、电气石，或者变成了更细的针状，如辉铋矿。

有些则主要沿着两个方向生长，从而变成了板状，如石膏、重晶石，或者变成了更薄一些的片状，如云母、辉钼矿。

还有的朝着三个方向生长，在三维立体空间内三向等长，形成粒状矿物，如方铅矿、石榴子石，橄榄石等，常常具有较为规则的立面体、八面体或五角十二面体等规则外形。

板状的重晶石 ------► ◄------ 薄片状的云母

辨识条痕

矿物还有一个奇怪之处，很多矿物的颜色与它的粉末的颜色不一样。通常我们的观察方法是：拿起矿物，然后在白色无釉瓷板上划擦，观察这道划痕留下的颜色，即条痕色。

比如，看起来呈黑色或暗红色的赤铁矿，它的条痕却为褐红色，用这一点就可以将它与同为黑色的铬铁矿进行区分，因为铬铁矿的条痕为黑色。还有些矿物，比如雌黄，它的条痕色与矿物本身显现出来的颜色一致，都为柠檬黄色。对于透明矿物而言，它们的条痕都是白色或者近乎白色的，没有什么鉴定意义，例如萤石，虽然它有紫、蓝、绿、黄、红、棕、黑、白等很多种颜色，千变万化，五彩斑斓，号称"世界上最丰富多彩的矿物"，但其条痕只有一种颜色——白色。

赤铁矿　　　　　　　　　　铬铁矿

测试硬度

地质学家经过长期的研究发现，矿物的软硬程度彼此不同，而且相差很大，但一般的规律是：碳酸盐、硫酸盐、磷酸盐等含有水分子的矿物通常较软，而不含水分子的氧化物以及硅酸盐矿物则相对较硬。为了表示矿物的硬度大小，1812 年，德国矿物学家莫斯首先提出了一种标准，即莫氏硬度，分别用 1 到 10 来表示以下十种矿物的硬度大小：滑石、石膏、方解石、萤石、磷灰石、正长石、石英、黄玉、刚玉、金刚石。这里的硬度值并非绝对硬度值，而是按硬度的顺序表示的值。

比如滑石，由于它具有典型的层状结构，决定了它硬度很低，质软滑腻，故而得名"滑石"，古人有时也称它为"画石"，李时珍认为这正是由于"其软滑可写画也"。

滑石具有典型的层状结构，决定了它硬度很低，
质软滑腻，莫氏硬度为 1

再比如金刚石，莫氏硬度为 10，是自然界中硬度最高的矿物，这意味着其他矿物在金刚石面前都显得不堪一击。常言道："没有金刚钻，别揽瓷器活儿。"其原意说的是过去的手工艺人用金刚石制成的钻头在又滑又硬又脆的瓷器上钻孔来修补瓷器，可见金刚石硬度之高。在现代工业领域中，金刚石是十分理想的切割、研磨和抛光工具，可用于制造刀具、钻头和磨料（锐利而又坚硬的材料，用以磨削较软的材料表面）等。

根据硬度的差异，可以有效辨别矿物，比如区分黄铁矿、黄铜矿与黄金：先用手指甲来刻划，能刻动的为黄金，因为纯净的黄金很软，与手指甲的硬度相当，其他两种却相对较为坚硬；然后再借助小刀，用小刀能划出痕迹的为黄铜矿，划不动的即为黄铁矿，这是因为黄铜矿的莫氏硬度为 3.0~4.0，黄铁矿的莫氏硬度为 6.0~6.5，而小刀的莫氏硬度一般为 5.5，正好介于二者之间。

自然金
莫氏硬度 2.5~3.0

黄铜矿
莫氏硬度 3.0~4.0

黄铁矿
莫氏硬度 6.0~6.5

观察解理和断口

许多矿物在受到外力打击时，会沿着一定的方向裂开，通常这个方向就是矿物晶体结构中原子键结合力最弱的部分，这就是解理面。比如云母，它有一个方向的极完全解理，沿着这个方向极易分裂为薄片，薄片的厚度低至0.025~0.125毫米。再比如方解石，它有三个方向的完全解理，通常会沿着解理面开裂，形成一系列斜平行六面体，即非常完美的菱形块体，这是它十分独特的性质。

但是，也有很多矿物在受到外力打击时断裂的方向并不固定，而是不规则的，例如断口呈参差状、断面不规则的电气石，以及断口呈贝壳状的石英等。

检验发光性

发光性是某些矿物特有的物理性质，当它们受到外界能量的激发，如在紫外线、X射线等照射下，或者遭受打击、摩擦以及加热等，能够发射出可见

白钨矿

光，如金刚石、白钨矿、硅锌矿、萤石等都具有这种特性。

进一步细分的话，矿物的发光性可分为两种情况：其一，如果

外界激发能量停止后，矿物即停止发光，这种光称为"荧光"；其二，如果外界激发能量停止后，矿物发光还能持续一段时间，这种光称为"磷光"。

荧光，最初是在萤石身上发现的。有些萤石在紫外线的照射下会呈现出蓝色，完全不同于它在日光下的颜色。除此之外，一些方柱石、方解石、石膏、方钠石、水砷锌矿、文石等也会产生荧光效应，但是地质学家总结的经验是，用荧光效应来判别矿物并不十分靠谱，因为只有极少数矿物具有这种特征，即使这些矿物产自同一个矿区，也不一定都能产生荧光。

方解石

有些萤石中含有硫化砷，在白天阳光照射或经过加热之后，可以产生磷光效应，到了晚上就能慢慢地放出能量，产生微弱的光芒，并能持续数小时之久。照此推断，古人所说的夜明珠，可能就是这种具有磷光效应的萤石。

此外，部分磷灰石也具有磷光效应，加热之后可以在黑暗中发出光芒，有几分神秘感。

检测磁性

具有磁性的矿物主要为磁铁矿、磁黄铁矿，它们能被普通的磁铁所吸引。磁铁矿的英文名称为"magnetite"，源于希腊语。据说，有一位名叫马格尼（Magnes）的希腊牧羊人穿着钉有铁钉的鞋子在山里被一块石头吸住了脚，于是后人就根据他的名字来命名这种特殊的矿物。我国古人在战国时期发明的司南可以帮助人们辨别方向，也正是利用了天然磁体矿石能指南的物理特性。

绝大多数的矿物都没有磁性，即使在很强的电磁铁作用下，也没有任何反应，这对于矿物鉴定、分选以及勘探都有重要意义，目前我国的地质工作者们还常常利用矿物的磁性找矿。

掌握了以上鉴定依据，我们就可以对野外最常见的矿物进行简单的认识和鉴别了。

名称	颜色	透明度	光泽	晶体形态	条痕
滑石	无色或白色	半透明至不透明	玻璃光泽，解理面为珍珠光泽	单晶体为片状，常为鳞片状、纤维状或块状集合体	白色
雄黄	橘红色	透明至半透明	晶面为金刚光泽，断口为树脂光泽	晶体较少见，有时见短柱状晶体，常呈粒状、致密块状、粉末状、皮壳状集合体	浅橘红色
雌黄	柠檬黄色	薄片透明	油脂光泽至金刚光泽，解理面为珍珠光泽	晶体呈板状或短柱状，晶面常弯曲，集合体呈片状、放射状、球状、粉末状或皮壳状	柠檬黄色

莫氏硬度	解理和断口	其他性质	示例图片
1	解理极完全，致密块状者具有贝壳状断口	有滑感	
1.5~2.0	解理完全	在阳光下久晒会变成红黄色粉末，灼烧会发出蒜臭味	（雄黄与雌黄共生，其中橘红色为雄黄）
1.5~2.0	解理极完全	经常与雄黄共生	（雄黄与雌黄共生，其中柠檬黄色为雌黄）

名称	颜色	透明度	光泽	晶体形态	条痕
石膏	白色或无色	有时透明	玻璃光泽，纤维状石膏呈丝绢光泽	单晶体常为板状，集合体为块状、粒状及纤维状等	白色
辰砂	鲜红色	半透明	金刚光泽	晶体呈细小厚板状或菱面体，集合体呈粒状或致密块状	鲜红色
云母	白色、黑色或金色等	半透明	玻璃光泽，解理面为珍珠光泽	晶体常为柱状、板状、片状，集合体呈鳞片状	无色
方铅矿	铅灰色	不透明	金属光泽	晶体常见立方体和八面体，经常呈致密块状或粒状集合体	灰黑色
辉锑矿	浅灰色	不透明	金属光泽	晶体为柱状和针状，集合体常呈放射状或致密粒状	黑色

莫氏硬度	解理和断口	其他性质	示例图片
2	解理极完全	易沿解理面劈开成薄片	
2.0~2.5	解理完全	炼汞的重要矿物	
2~3	解理极完全	常具晕色	
2~3	解理完全	易沿解理面破裂成为立方体小块。常与闪锌矿共生。常含银，是银的主要来源之一	
2.0~2.5	解理完全	/	

名称	颜色	透明度	光泽	晶体形态	条痕
方解石	白、灰、黄、蓝、浅红等多种颜色及无色	透明至半透明	玻璃光泽	常发育成单晶或晶簇、粒状、块状、纤维状及钟乳状集合体	白色
黄铜矿	铜黄色	不透明	金属光泽	晶体呈四方双锥或四方四面体，但很少见，经常呈粒状或致密块状集合体	绿黑色
闪锌矿	自浅棕色至棕黑色不等	透明至半透明	油脂光泽、半金属光泽	常为致密块状或粒状集合体	白色至褐色
菱锰矿	玫瑰色	透明至半透明	玻璃光泽	晶体呈菱面体，通常呈粒状、块状或结核状集合体	白色

莫氏硬度	解理和断口	其他性质	示例图片
3	解理完全	遇冷稀盐酸强烈起泡	
3~4	无解理，参差状或贝壳状断口	表面常因氧化而呈暗黄或斑状锖色（在空气中形成的彩色氧化物薄膜）	
3~4	解理完全	/	
3.5~4.5	解理完全	容易氧化而转变成褐黑色	

名称	颜色	透明度	光泽	晶体形态	条痕
萤石	绿、紫、黄、蓝等多种颜色	透明	玻璃光泽	晶体多为立方体及八面体，常呈块状或粒状集合体	白色
黑钨矿	黑色、红褐色	不透明	半金属光泽	晶体呈板状或柱状	黄褐色至暗褐色
赤铁矿	铁黑色、暗红色等	不透明	金属至半金属光泽	晶体呈菱面体或板状，常为致密块状、鳞片状、鲕状（鱼卵状）、豆状、肾状及土状集合体	樱红色
磁铁矿	铁黑色	不透明	半金属光泽	常为致密块状或粒状集合体	黑色

莫氏硬度	解理和断口	其他性质	示例图片
4	解理完全	有些具有荧光和磷光	
4.5~5.5	解理完全	富含铁者具弱磁性	
5.5~6.0	无解理，次贝壳状或参差状断口	/	
5.5~6.0	无解理	具强磁性	

名称	颜色	透明度	光泽	晶体形态	条痕
磷灰石	棕、黄、绿、蓝、紫等多种颜色及无色	透明至半透明	玻璃光泽，断口为油脂光泽	单晶体常为六方柱状，集合体为块状、粒状、肾状及结核状等	白色
黄铁矿	浅黄铜色	不透明	金属光泽	单晶体常为立方体，大多呈块状集合体	绿黑色
石英	白、紫、红、绿等多种颜色及无色	透明至半透明	玻璃光泽	常呈单晶和晶簇出现，或呈致密块状或粒状集合体	白色或近于白色
橄榄石	绿、黄色	透明至半透明	玻璃光泽	晶体呈厚板状，通常呈粒状集合体	白色

（续）

莫氏硬度	解理和断口	其他性质	示例图片
5	参差状断口	有磷光	
6.0~6.5	参差状断口	/	
7	解理极不完全，贝壳状断口	有些具有压电性	
6.5~7.0	解理不完全，贝壳状断口	许多陨石的主要组分之一	

名称	颜色	透明度	光泽	晶体形态	条痕
石榴子石	血红、暗红、褐、黄、绿、黑等多种颜色	透明至半透明	玻璃光泽，断口呈油脂光泽	晶体常呈菱形十二面体或四角三八面体	白色或略呈淡黄褐色
电气石	黑、蓝、绿、褐、黑等多种颜色及无色	透明至半透明	玻璃光泽	单晶体为柱状，集合体呈纤维状或放射状	无色
绿柱石	绿、蓝、玫瑰色及无色	透明至半透明	玻璃光泽	晶体常呈六方柱状	无色

莫氏硬度	解理和断口	其他性质	示例图片
6.5~7.5	解理不完全	/	
7.0~7.5	参差状断口	具有热电性	
7.5	解理不完全	/	

名称	颜色	透明度	光泽	晶体形态	条痕
黄玉	无色，有时带浅黄、浅绿等色	透明	玻璃光泽	晶体呈柱状，柱面有纵纹。集合体呈柱状或粒状	无色
刚玉	蓝灰、黄灰色、红色等	透明至半透明	玻璃光泽	常为柱状、腰鼓状或板状	无色
金刚石	质纯者无色透明，常带黄、蓝、褐、黑等色调	透明至半透明	金刚光泽	晶体细小，常呈八面或菱形十二面体	无色

莫氏硬度	解理和断口	其他性质	示例图片
8	解理完全	/	
9	无解理	/	
10	参差状断口	在紫外线或 X 射线照射下可能发天蓝色或紫色荧光	（红色圆圈中为细小的金刚石颗粒，产于金伯利岩中）

3. 望闻问切识岩石

野外我们看到的岩石有很多种，分类和定名规则十分复杂。即使理论上说得头头是道，来到野外也难以做到百分之百准确。在我刚上大学时，一位老师带着我们到野外实习，随手捡起一块石头让我们辨认是什么岩石，同学们开始仔细查看，并用放大镜观察，还有的同学翻开教科书对照标本查验，给出的答案五花八门。没想到，最后老师告诉我们那只不过是一块水泥疙瘩而已。

作为非专业人士，大家并不需要掌握太多有关岩石识别和命名的知识，但通过观察，我们至少应该识别出来它究竟属于三大类岩石中的哪一类。

岩浆作用与岩浆岩

地下深处形成的岩浆在上升、运移过程中，由于物理、化学条件的改变，会不断地改变自己的成分，最后凝固形成岩石。有些岩石是岩浆喷出地表形成的，名为"喷出岩"，有些则是岩浆在地下深处冷凝形成的，名为"侵入岩"。

地壳体积的 64.7% 都是岩浆岩，它们是地壳中含量最多的岩石。这些岩浆岩主要包括玄武岩、辉长岩、花岗岩和闪长岩等。

与沉积岩和变质岩相比，岩浆岩具有非常典型的特征：它们大部分为块状的结晶岩石，部分为玻璃质岩石，侵入岩中的矿物结晶较好，比较容易识别其中的主要矿物，而喷出岩由于结晶速度过快，常形成隐晶质或玻璃质，无法识别其中的矿物成分。岩浆岩中常见的矿物大约只有20多种，其中包括颜色较浅的石英、长石类矿物和颜色较深的橄榄石类、辉石类、角闪石类、黑云母类矿物。岩浆岩有一些特有的构造，例如玄武岩中常见气孔构造，气孔被拉长的方向指示着岩浆的流动方向，当气孔被其他矿物充填后形如杏仁，则被称为"杏仁构造"，当玄武岩浆均匀而缓慢地冷却时还常常收缩分裂形成柱状节理构造，也就是形成十分规则的多边形长柱体（以六方柱状最常见）。

此外，岩浆岩中没有生物遗迹，这也是重要的鉴别依据之一。

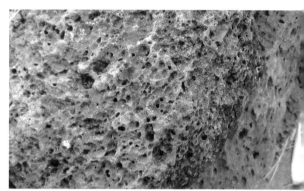

玄武岩中的气孔构造 ----↑

沉积作用与沉积岩

沉积岩是在地壳表面常温、常压下，由风化、剥蚀、搬运、沉积和固结成岩等作用形成的岩石，占地壳总体积的7.9%，主要包括页岩、砂岩、砾岩、黏土岩、石灰岩、白云岩等。它们的物质主要来源于岩浆岩，其中经常出现的矿物主要包括石英、玉髓、蛋白石等硅质矿物；伊利石、蒙脱石、高岭石等黏土矿物；以及云母类、长石类和碳酸盐类矿物等。但是，与岩浆岩相比，沉积岩中几乎不存在橄榄石、普通角闪石、辉石等矿物成分。

这类岩石最容易识别，通常可以根据层理进行判断。层理是指岩石的原生成层构造。沉积岩的形成，并非一蹴而就，而是一层一层的沉淀下来然后才固结成为岩石的。层理是沉积岩的重要标志，当成岩时的自然地理环境以及动力地质条件发生变化时，就有可能造成矿物成分、颗粒大小以及颜色等发生变化，从而形成较为明显的层面，所以，它代表沉积过程发生了间断，或者沉积条件发生了突变。

层理可以是平的或倾斜的，其本身又可以呈直线状、曲线状等，所以有水平层理、斜层理等。最常见的是水平层理，沉积作用发生时的水动力条件比较稳定，比如海洋和湖泊的深水地带，水体没有大的波动，沉

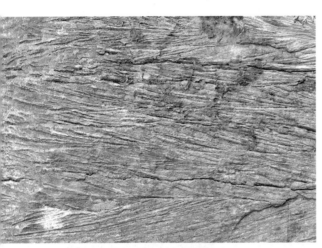
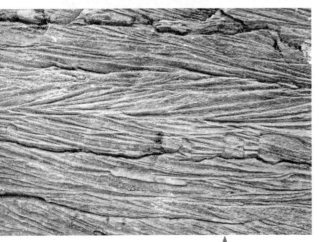

羽状交错层理 ----

积形成的岩层界面就会比较平整。而当水动力条件不稳定时，比如潮汐环境，一段时间内是涨潮，隔一段时间却是退潮，水体有流动，而且朝着相反的方向来回移动，这就会形成羽状交错层理，属于斜层理的一种。

波痕也是沉积岩区别于岩浆岩、变质岩的重要依据。这是岩石层面上的一种有规律的起伏现象，它们看起来就像水面上泛起的波浪，仿佛被瞬间定格了一样，所以被地质学家称为

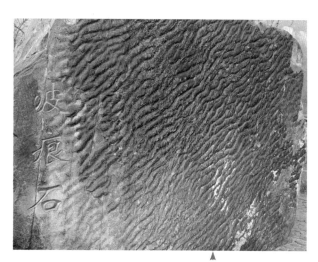

波痕 ----↑

"波痕"。其实，波痕是由风、流水或波浪等作用于沉积物表面所造成的起伏不平的波纹状痕迹。这些遗迹一旦显露出来，就能给人类传递重要信息，地质学家不仅可以利用波痕确定岩层的顶面和底面，通过研究波痕的特征，甚至还能辨别出是风成波痕、流水波痕还是浪成波痕。

此外，沉积岩中常常含有化石，这也是识别沉积岩的重要标志之一。

变质作用与变质岩

变质岩的识别较为困难。岩浆岩和沉积岩都可以转变为变质岩，在适当的高温、高压条件下，原来岩石的物理性质、化学成分和结构构造都可能发生变化，从而形成新的岩石。这类岩石占地壳总体积的 27.4%，其中最常见的是大理岩、板岩、千枚岩、片岩、片麻岩等。

识别变质岩，最直接的手段是观察有没有那些只能出现在变质作用下的矿物，如滑石、红柱石、蓝晶石、透闪石、阳起石、蛇纹石、石榴子石等，这些矿物被称为"特征变质矿物"，它们的出现是岩石发生过变质作用最有力的证据。

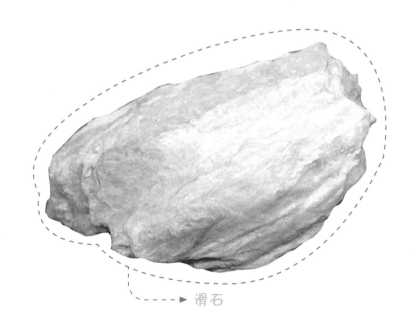

滑石

此外，地质工作者还要依据岩石的结构、构造等特征进一步鉴别变质岩。

蓝晶石 ◀╌╌╌

╌╌╌▶ 阳起石

分类	名称	颜色	主要矿物
岩浆岩	花岗岩	灰白色、肉红色	石英、钾长石和云母
	伟晶岩	浅色	石英、长石和云母
	玄武岩	灰黑色	斜长石、辉石、橄榄石
	流纹岩	浅灰色、浅粉红色	石英、钾长石

用途	示例图片
多种金属矿床的重要母岩，也是重要的建筑石材	
多种稀有元素矿床的重要母岩，也是宝石的重要来源	
玄武岩除可用作耐酸铸石的原料，其气孔中往往还充填有铜、钴、硫黄、冰洲石等有用矿产	
与之有关的矿产有高岭石、蒙脱石、叶蜡石、明矾石、黄铁矿和萤石等	

分类	名称	颜色	主要矿物
沉积岩	砂岩	棕色、黄色、红色、灰色、白色	石英、长石
	砾岩	颜色多样	成分多样，常有石英、长石等，砾石之间的填隙物为砂、粉砂、黏土物质及化学沉积物
	页岩	绿色、黄色、红色、灰色	黏土矿物、石英、长石
	石灰岩	灰色、灰白色	方解石

用途	示例图片
可用作磨料、玻璃原料和建筑材料。一定产状的砂层和砂岩中富含砂金、锆石、金刚石、钛铁矿、金红石等砂矿	
加在水泥里可制混凝土，也可作为铺路材料	
常用作建筑物墙体材料，其中常包含古代动植物的化石	
烧制石灰、水泥的主要原料，冶炼钢铁的熔剂，制化肥、电石的原料，也广泛用于制糖、陶瓷、制碱以及玻璃制造	

分类	名称	颜色	主要矿物
变质岩	**大理岩**	一般为白色或粉红色，可带有各种颜色的花纹	方解石、白云石
	板岩	颜色多样	石英、云母、长石
	片麻岩	颜色多样	长石和石英

用途	示例图片
常用作建筑石材、雕塑石材	
常作为房瓦、铺路石等建筑材料	
常作为建筑石材、铺路材料和园林景观石	

4. 捕光捉影赏宝石

作为矿物中难得的精品，历经亿万年水与火的"洗礼"，宝石以其最美丽的姿态展现在人类面前。识别宝石的一种重要方法就是观察特殊的光学现象，主要包括变彩效应、猫眼效应、星光效应、荧光效应、磷光效应、火彩效应、砂金效应、变色效应等，在宝石颜色、光泽、透明度及外形的衬托之下，变得如梦似幻。

变彩效应

所谓变彩，简单地说，就是在宝石转动时，其原有颜色会突然发生变化。最典型的宝石就是欧泊。

欧泊的主要成分是含水的二氧化硅，又称"蛋白石"。当观察欧泊时，会发现欧泊可以在淡蓝色、深蓝色、浓绿色、浓紫色等多种颜色之间来回变幻，欧泊也是宝石家族中名副其实的"色彩之王"。

└──── 欧泊的变彩效应

欧泊中的二氧化硅就像是紧密堆积在一起的小球一样，在三维空间中规则排列，形成了一个天然的三维光栅。当受到白色光线照射，随着入射角度的变化，光波遇到障碍物时偏离原来的直线传播，不同波长的单色光就会不断发生衍射，于是，我们便看到了五颜六色的彩光。

猫眼效应

印度洋上的岛国斯里兰卡，盛产一种特殊的宝石，工匠们将这种宝石的顶部切割成弧面形，在明亮的光照之下，宝石中会出现一道明亮的光带，转动宝石，光带也随之闪动，就像是黑夜之中的猫眼一样，闪出一丝亮光，人们称这种闪光为"活光"。这种奇特的光学现象在宝石学中叫作"猫眼效应"，这种宝石也被称为"猫眼石"。

在矿物形成的过程中，某些矿物偶尔会带有平行排列的长条状包裹体，或者是含有一些紧密平行排列的纤维，如果把这样的矿物切割打磨成圆顶状，强烈的光线在透过该矿物时经过反射和散射，就会产生一条细窄、明亮的光带，呈现出猫眼效应。其实，具有猫眼效应的不只是猫眼石，有些磷灰石、祖母绿、蓝宝石、

金绿宝石的猫眼效应 ----▲

碧玺等也会具有猫眼效应，比如澳大利亚猫眼石，其实在澳大利亚所指的就是黑色欧泊。

星光效应

试想一下，如果在宝石中所含的平行排列的长条状包裹体或紧密平行排列的纤维不止一组，而是两组或三组，那会出现什么情况呢？

在光照下，你会发现，那些细窄、明亮的光带交叉在一起，像夜空中闪亮的星光一样。这种星光效应只出现在切磨的半球形或椭圆形凸面的宝石上，最典型的就是红宝石和蓝宝石，它们大多具有六道放射状星光，简称为"六射星光"，偶尔还会出现"十二射星光"的情况，还有些宝石如尖晶石、石榴子石、堇青石、蓝晶石等，会出现"四射星光"，看起来都十分迷人。

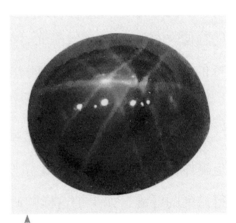

↑----- 红宝石的星光效应

荧光效应

用过验钞机的人应该记得这样的现象：当你把人民币放在验钞机的紫外线下进行照射时，真钞上就会显示出平时用肉眼看不到的亮光，这是利用了荧光物质在紫外线的照射下能够发光的原理。

荧光，最初是在萤石身上发现的。1824年，德国矿物学家莫斯就已经注意到，有些萤石在紫外线照射下所呈现出的颜色完全不同于它在日光下的颜色。后来的地质学家陆续发现了一些具有荧光特点的矿物，如金刚石在紫外线或X射线照射下呈现天蓝色或紫色荧光。

在英国伦敦自然历史博物馆中的宝石展区，整整齐齐排列着296颗钻石，名曰"极光希望金字塔"。虽然它们的个头并不大，总共加起来只有267.45克拉，但它们颜色各不相同。在自然光照射下，个个都是流光溢彩，绚丽多姿，若在紫外线照射下，又是另一番景象，它们的颜色几乎都发生了变化，这是钻石的荧光效应造成的结果。

磷光效应

传说中的夜明珠是一种能在夜晚放出明亮光芒的宝石，它真的存在吗？

根据史书上的描述，人们推测夜明珠很可能就是萤石。有些萤石中含有硫化砷，在白天阳光照射或经过加热之后，可以产生磷光效应。它们到了晚上会慢慢释放出能量，产生微弱的光芒，

很多学者认为，传说中的夜明珠其实就是萤石，它具有荧光和磷光

并能持续数小时之久。"萤石"中文名称的由来，想必正是人们从会发光的萤火虫身上联想到的吧。

火彩效应

业内人士在评价某些宝石的好坏时，常用到一个字"火"，如果这种宝石很耀眼，就表明"火好"，但是这里所说的"火"可不是点燃的火焰，也不是矿物学中的"光泽"，而是光线的变化造成的特殊效果。

比如钻石，它具有很强的色散能力，也就是说，当一束白光射入刻面宝石以后，经反射或透射，出宝石时，因白光中不同颜色的光具有不同的波长，不同的折射率，从而使白光分解，呈现出一系列带颜色的色谱，这种现象叫作"色散效应"。而且某些切工较好的钻石在转动时，观测

▲
┆╴╴╴钻石具有典型的火彩效应

者、光源和宝石三者之间的相对位置发生了变动，这种奇特的光芒还会闪烁不定，这种现象叫作宝石的"闪烁效应"。当色散效应和闪烁效应同时表现出来的时候，就成为"火彩"，即反射出五光十色的彩光。

砂金效应

淘金的人常使用筛子从河底的砂砾中淘出细小的金粒，人们称

这样的黄金为砂金。如果你拿着一枚绿色的东陵石转动时，通常可以看到内部有许多细小的鳞片状物质闪闪发光，犹如水中的砂金一样，发出耀眼的光芒。这种特殊的光学效应被称为"砂金效应"。

其实，东陵石的砂金效应是由于其中所含的铬云母鳞片对外部光线的反射作用形成的。如果这些铬云母鳞片的直径大于1毫米，我们仅凭肉眼就可以看清，如果数量丰富而且分布均匀，则呈现的砂金效应效果最佳。除了东陵石之外，日光石、人造砂金石等少数几种宝玉石也具有砂金效应。

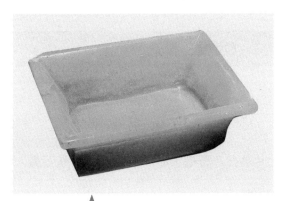

东陵石和日光石的砂金效应

变色效应

有一种宝石号称"白昼的祖母绿""黑夜的红宝石"，这是为什么呢？

因为这种宝石在白天的日光下呈现出如同祖母绿一样的绿色，而到了晚上在白炽灯下进行观察，则会变成红色，它就是大名鼎鼎的变石，其实属于金绿宝石的一种。

　　白炽灯因含有较多的红色光线，偏暖色调，而变石能强烈吸收光谱中的黄色部分，而基本不吸收蓝绿色和红色波段的光线，从而导致的结果是：在日光下会显示为绿色或蓝绿色，而在白炽灯下则会显示为红色或紫红色。这是不同波段的光线被变石选择性吸收之后形成的视觉效果，矿物学家称这种现象为"变色效应"。此外，有一些特殊的石榴子石、蓝宝石、尖晶石也具有变色效应。

具有特殊光学现象的宝石

特殊现象	典型宝玉石
变彩效应	欧泊、拉长石等
猫眼效应	金绿宝石、磷灰石、祖母绿、蓝宝石、碧玺、欧泊等
星光效应	红宝石、蓝宝石、尖晶石、石榴子石、堇青石、蓝晶石等
荧光效应	钻石、萤石、白钨矿等
磷光效应	萤石、磷灰石等
火彩效应	钻石、石榴子石等
砂金效应	东陵石、日光石、人造砂金石等
变色效应	金绿宝石、石榴子石、蓝宝石、尖晶石等